TALONRAKENNUSTARINA

Unelma hirsitalosta

Talonrakennustarina pohjautuu Anne Airaksisen (FM) suositun Hirsiä Aurinkokalliolla -rakennusblogin kirjoituksiin, joissa on tallennettuna työvaiheet ja tunnelmat hänen perheensä rakentaessa hirsiomakotitaloa.

Blogi: hirsiaaurinkokalliolla.blogspot.com
Instagram: @hirsia_aurinkokalliolla

ANNE AIRAKSINEN

TALONRAKENNUS-TARINA

Unelma hirsitalosta

FSC
www.fsc.org
MIX
Paperi vastuullisista lähteistä
Paper from responsible sources
FSC® C105338

Kustantaja: BoD – Books on Demand, Helsinki, Suomi

Valmistaja: BoD – Books on Demand, Norderstedt, Saksa

Kansi, ulkoasu ja taitto: Anne Airaksinen ja Jouni Airaksinen

Kirjan valokuvat: Anne Airaksinen

ISBN: 978-952-80-7086-3

SISÄLLYS

ESIPUHE TALOHAAVEILIJOILLE

Taloprojektimme sai alkusysäyksensä ja lähti liikkeelle muutamista tunnustelevista kierroksista asuntomessuilla. Huomasimme yhä useammin mielessämme ohi lipuvia ajatuksia, että jospa mekin sitten rakentaisimme. Muutaman ystäväpariskuntamme oli rakentanut talon, joten tiesimme jokseenkin mitä kaikkea olisi luvassa.

Entinen rivitalokoti oli tuntunut jo jonkun aikaa ahtaalta perheellemme, olimmehan muuttaneet siihen kahdestaan ja nyt meitä oli neljä sekä lemmikkimme kissa ja koira. Kenties lisää neliöitä, isompi terassi, pari huonetta lisää? Elämäntilanteet ja ajanjaksot muuttuvat ja ajatukset kallistuivat yhä enemmän puoltamaan rakentamisen suuntaan, aikakin tuntui oikealta. Huomasimme haluavamme samalla muuttaa pois kaupungista.

Asuminen on jokapäiväistä ja tärkeää, koti on arjen turvapaikka ja tukikohta. Kun talomalleja selailtuamme eteen ponnahti juuri sellainen malli, joka tuntui kuin aivan suoraan meille tarkoitetulta ja jonka tiesimme aina halunneemme, vaikkemme olleet sitä ennen nähneetkään, oli sinetti lyöty suunnitelman päälle.

Vaikka olimmekin seuranneet vuosia ystäviemme taloprojekteja, emme kuitenkaan voineet tietenkään tarkalleen tietää, miltä tuntuisi käytännössä olla itse rakentajana ja rakennuttajana. Onhan se erilaista laittaa likoon omat voimavarat ja rahat.

Rakentamisessa on jännittävää se, että lopputulos on aina vähän arvoitus, kun luodaan kokonaan uutta. Piirustuksen hahmotelmat, vaikka kuinka ovat mittakaavassa ja 3D-mallinnuksena, eivät kuitenkaan vastaa ihan todellisuutta. Esimerkiksi talon korkeutta on erilaista hahmottaa metreissä piirustuksissa, kuin mitä se on kun huusholli on käytännössä pystytettynä. Kuvittelin esimerkiksi talomme näyttävän valmiina hieman matalammalta, kuin mitä se käytännössä on. Piirustusten käytäntöön kääntäminen on toki rakennustyön edetessä palkitsevaa.

Kädessäsi oleva kirja pohjautuu blogikirjoituksiini ja kertoo taustaa miksi ryhdyimme rakennusprojektiin, miten rakennusprojekti polkaistiin käyntiin ja mitä kaikkea matkan varrella sattui ja tapahtui. Kirja tarjoaa tietoa rakennusprojektin eri vaiheista. Kirjan loppupuolella perustetaan kotipuutarhaa ja koostetaan mietteitä rakentamisen jälkeen.

Vaikka olisitkin seurannut *Hirsiä Aurinkokalliolla* -blogia, kirjassa on avattu aiheita vähän eri tavalla. Toisaalta jos jäät kaipaamaan visuaalista tietoa eri työvaiheista, suosittelen kurkistamaan blogin puolelle.

Kirjaan on koottu vinkkejä rakennusbudjetin taltuttamiseen sekä edullisen kotipuutarhan perustamiseen. Toivon kirjasta ja jaetuista kokemuksistamme olevan hyötyä omalla matkallasi kohti itse rakennettua kotia tai vaikka kesämökkiä, mikäli sellainen siintää haaveissasi. Tai ihan muuten vain tervetuloa peremmälle, jos haluat kurkistaa rakentajan arkeen.

Kirjan liitteenä on rakennusprojektin alkuvaiheessa koostamamme rakennuskustannustaulukko, jota voit hyödyntää oman rakennusbudjettisi laatimisessa. Taulukko osoittautui melko tarkaksi oman projektimme myötä. Käyttääksesi taulukkoa tarvitset Google-tilin. Lisää ohjeita taulukon käyttöön on kirjan lopussa.

Tervetuloa työmaalle!

SULAVIA SUUNNITELMIA VALINTAVIIDAKOSSA

Vuonna 2017 löysimme siis mieleisen talomallin Finnlamellin verkkosivuilta ja haimme rakennusluvan talon rakentamiseen tontillemme. Sitä ennen olimme luonnollisesti käyneet katsomassa sopivan talon paikan. Järjestelimme työkuviot niin, että muuttaminen toiselle paikkakunnalle olisi mahdollista. Asiat etenivät ja kysyimme pankeista asuntolainan ja teimme Finnlamellin kanssa sopimuksen talotoimituksesta. Laitoimme rivitaloasuntomme myyntiin.

Hirsitalojen rakentaminen oli juuri saanut uutta nostetta ja näkyvyyttä. Jos olisimme aloittaneet rakentamisen muutamaa vuotta aiemmin, emme välttämättä olisi edes päätyneet valinnassamme hirsitaloon. Talomyyjämme sanoi, että ennen hän myi neljä taloa kymmenestä muita kuin hirsitaloja ja nyt suhdeluku on kääntynyt toisinpäin. Siten juuri projektin aloittamisajankohta oli jälkeenpäin ajateltuna aivan oikea, koska nyt tiedämme halunneemme juuri tällaisen talon. Olisipa ikävää huomata rakentaneensa aivan vääränlaisen talon!

Valintaviidakkoon pääseekin tarpomaan kunnolla jo heti rakennusprojektin alussa, koska talomallin onnistunut valinta on ensimmäinen oleellinen askel ja merkittävä osa lopputulosta. Tärkeä valinta on erityisesti se, mistä talon runko tehdään, sitä kun ei voi myohemmin muuttaa. Liian pientä taloa voi laajentaa myöhemmin tai miksei liian suurta pienentää. Talomallin valitsemisen vaiheeseen kannattaa käyttää tarpeeksi aikaa miettien oman perheen kokoa ja tarpeita sekä kyseisellä hetkellä että tulevaisuudessa. Haluaako yksi- vai kaksikerroksisen talon? Miten paljon pihalla käyttää aikaa, minkä kokoiset terassit tarvitsee? Omaa arvopohjaansakin voi tarkastella rakentamisen kautta. Neliömäärää ja lämmitysasioita on syytä miettiä kriittisesti viime vuosina vaikuttaneen energian hintojen arvaamattoman kehityksen vuoksi.

Budjetti asettaa talomallin valinnalle tietenkin selkeät

raamit, joka on hyväkin asia. Se rajaa osan valinnoista heti pois ja helpottaa siten prosessia. Meillä esimerkiksi rajautui näin pois veistetty hirsitalo, koska budjettimme ei olisi siihen riittänyt näillä neliöillä.

Suosittelen erilaisilla asunto- ja rakennusmessuilla käymistä rakentajille, remontoijille tai sitä suunnitteleville siksikin, että messuilla pääsee kunnolla jututtamaan tuotteiden edustajia ja ennen kaikkea näkemään käytännössä itse tuotteita. Näin oli meillä esimerkiksi eristeiden kanssa, kun pääsimme messuilla tutustumaan vaihtoehtoiseen puhalluseristeeseen sekä levyeristeeseen ja tunnustelemaan niitä ihan livenä. Valitsimmekin sittemmin juuri nämä eristeet talon väliseiniin ja puhalluseristeeksi yläpohjaan ja peruimme alkuperäisen eristetyypin. Myös talotehtaiden mallitaloihin ja juuri valmistuneisiin esittelytaloihin kannattaa käydä tutustumassa. Me teimme tätä kiertelyä paljonkin ja jo usean vuoden ajan.

Meille tärkeitä arvoja rakentamisessa oli valita mahdollisimman paljon kotimaisia rakennustarvikkeita. Tämä tavoite mielestäni onnistuikin aika hyvin. Toinen arvo ja samalla välttämättömyys oli rakentaa itse mahdollisimman paljon. Toisten rakentajien kokemukset ja vertaistuki blogeissa, Instagramista löytyneet inspiraatiokuvat sekä YouTuben ohjevideot eri työvaiheiden suorittamisesta, olivat meillä myös tärkeitä apuja ja kannusteita rakentamisen eri vaiheissa. Paljon apua saimme myös vastaavalta mestariltamme ja eri tavaranvalmistajilta kyseisten tuotteiden asentamiseen ja huoltoon.

PERINNERAKENTAMISTA MODERNILLA OTTEELLA

Hirsitalon hyvä sisäilmanlaatu oli suurin yksittäinen syy, mikä vahvisti hirsitalon olevan oikea valinta meille. Hirsitalo hengittää ja sen sisäilmanlaatu on siten erityisen hyvä. Hengittävyys ei tarkoita, että talon nurkissa vetäisi. Hirsitalo tehdään tiiviiksi, mutta hirsiseinän ominaisuuksiin kuuluu, että se tasapainottaa lämpötilaeroja. Vesihöyry pääsee liikkumaan seinärakenteeseen ja takaisin. Kun sisäilman kosteus on tasapainossa, bakteerit ja homeet eivät siellä viihdy. Pölyäkin pitäisi tulla vähemmän, koska staattista sähköä ei synny niin paljoa. Tästä en osaa kyllä käytännön kokemuksen perusteella sanoa, aina kuitenkin viikkosiivouksessa on villakoiria innokkaasti hyppäämässä imuriin.

Hirsitalossa kehikon pystytysvaihe on huipputärkeä ja kannattaa huolella valita taitavat timpurit tuohon työvaiheeseen. Kehikosta on tärkeää saada pystytysvaiheessa tiivis. Rakentamisen lopuksi taloon tehdään tiiveysmittaus, jolla tarkistetaan, ettei esimerkiksi ikkunanpokien kohdalle jää lämpövuotokohtia.

Hirsirakentaminen on suomalaista perinnerakentamista ja tämä asia painoi vaakakupissa myös paljon. Meidän talo on lamellihirttä. Kyllähän höylähirrestä tai käsinveistetystä hirrestä perinteisin salvoksin tehty talo olisi vielä autenttisempi ja olen seurannut mielenkiinnolla Instagramissa muutamaa tällaista käsinveistetyistä hirsistä tehtyä taloprojektia. Missään vaiheessa emme kuitenkaan edes harkinneet käsinveistetyn talon rakentamista, toki senkin olisi voinut ottaa vaihtoehdoksi, jos olisimme alunperin päättäneet rakentaa pienemmän talon. Niinpä lamellihirsistä modernimmalla tavalla toteutettu hirsitalo tuntui meille vallan sopivalta vaihtoehdolta.

Hirsitalossa mukavaa on sekin, että kehikon pystytyksen jälkeen seinä on käsittelyä vaille valmis niin sisältä kuin ulkoakin. Mitään muita seinärakenteita tai verhoiluja siihen ei tule.

Lamellihirret koostuvat halkaistuista ja liimatuista

puista, joissa puun sydänpuoli tulee ulospäin, säätä vasten. Näin hirsiseinä on lämmin. Hirsien väliin tulevat tiivisteet on laitettu tehtaalla valmiiksi, joten kehikkoa pääsee heti kokoamaan. Perinnerakentamisessa tilkitsemiseen käytettävää pellavaa tai sammalta ei tässä tapauksessa siis viritellä erikseen.

Höylätty pyöröhirsi painuu hirsistä eniten. Lamellihirsi ei painu samaan tapaan kuin höylähirsi, joskin painumisvarat on tietenkin huomioitava rakentamisessa. Esimerkiksi ikkunat ja ovet asennetaan niin, että pokiin jää riittävä painumisvara. Myös esimerkiksi keittiönkaappien asennuksessa on huomioitava painumamahdollisuus. Följarit estävät hirsitalossa seinien pullistumista.

Tekniikka on kehittynyt paljon rakentamisen saralla ja se kehittyy koko ajan. Rakentamisen aikana talotehtaamme lanseerasi painumattoman hirsityypin. Sittemmin hirrelle vaihtoehdoksi ovat sijaa saaneet muut kiinnostavat puukuiturakenteiset ja mahdollisesti elementeistä rakennettavat hengittävät ja ekologiset puutalot.

Lamellihirsi ei juurikaan halkeile, väänny ja on muutenkin mitoiltaan tarkka, joten siitä voi toteuttaa ilmeeltään varsin moderninkin hirsikodin, joka sopii myös kaupunkialueille ja taajamiin. Meidänkin talossa on moderni hirsiprofiili ja citynurkat, vaikkei se alueellamme olisikaan ollut välttämätöntä ja vaikka talon ilmeessä on muuten tavoiteltu koristeellisuutta ja pitsihuvilatunnelmaa. Talovalmistajien verkkosivuilta löytyy usein tarkempaa tietoa eri vaihtoehdoista ja siitä, miten eri valinnat vaikuttavat talon ilmeeseen. Meidän talon hirret ovat kuusta, joka on sävyltään vaaleampaa kuin mänty. Ei seiniä kylläkään alkuperäisen värisenä ole enää näkyvissä kuin keittiön seinässä.

Talomyyjämme ehdotti ennen lopullista ostopäätöstä meille tutustumista käytännössä hirsitaloon talotehtaan esittelytalossa Alajärvellä. Niinpä pakkasimme lapset ja kamppeet autoon ja menimme pariksi yöksi koeasumaan ja -nukkumaan esittelytaloon. Hyvinhän siellä nukutti ja jääkaappiin oli varattuna valmiiksi kivana yllätyksenä aamupalatarvikkeet. Kävimme samalla reissulla tutustumassa talotehtaan puolelle ja näimme, miten hirsiä liimattiin ja leikattiin talomallin mittoihin ja muotoihin.

POHJATÖIDEN PARADOKSI

Infrastruktuurin rakentaminen eli niin sanottu maatyövaihe on iso urakka, jossa on paljon kaivamista ja maa-ainesten ajamista tontille ja sieltä pois, joten töihin tarvitaan kaivureita ja kuorma-autoja. Voi tulla yllätyksenä, kuinka paljon rahaa tähän vaiheeseen uppoaa. Maatyöt kattavat viemärijärjestelmät, kaivot ja sähköliittymän sekä tietenkin perustuksen ja sitä edeltävät rakennuksen pohjatyöt tasoituksineen ja maa-aineksineen.

Yllätykset ovat mahdollisia, riippuen tontin maaperästä ja sen vaatimuksista. Kyllähän siinä muutama hikikarpalo tuli otsalle, kun tajusi, että rahaa oli mennyt jo 30 000 euroa, eikä maan päällä ollut edes perustusta vielä, muutama tötterö vain pilkisti maan pinnan päällä. Ja vaikka suuria budjettiylityksiä ei meillä tässä vaiheessa tullutkaan. Mutta tärkeitä ja asumisen kannalta välttämättömiä rakenteitahan ne ovat.

Juuri maatöiden osalta voi tulla budjettiin ylityksiä

riippuen tarvitaanko louhintaa tai paalutuksia. Mahdollisesti suuretkin budjettiylitykset heti rakentamisen alkuvaiheessa tuntuvat harmillisilta ja stressaavilta, eivätkä ole helposti kurottavissa kiinni muissa vaiheissa.

Meillä maatyövaihe käynnistyi tien tekemisellä tontille, puiden kaatamisella, maan kuorimisella, kantojen ylös nostolla ja pois kuskaamisella. Sitten ajettiin hiekkaa täytemaaksi. Talon pohjalla anturan tasolla on perusmaata, josta on poistettu maatuva aines eli juuret, multapaakut ja muut vastaavat. Tähän kuuluvat myös syksyn lehdet, joita harmillisesti leijaili valamisen jälkeen sisätäytön päälle. Nekin jouduimme poistamaan, etteivät ne jää lattian alle maatumaan. Sitten maa pitää tiivistää täryttämällä. Myös se, että talon pohjalla ajellaan isoilla koneilla, tiivistää toki maata lisää.

Pidimme viimeiseen saakka perustuksen toisen päädyn auki ja muotittamatta, jotta sisälle asti pääsi ajamaan koneilla. Kun pohjamaa oli tasoiteltu ja tärytetty, laitettiin suodatinkangas erottamaan maakerrokset toisistaan. Päälle leviteltiin pikkuisen sepeliä, jotta kuorma-auto pääsi kippaamaan sepelikuormat suoraan kankaan päälle, eikä kangas irronnut paikoiltaan.

Sisätäyttöä meillä oli 8/16 sepelillä vaadittavat 30 senttimetriä, samalla aineksella kuin sokkelin ympärykset ovat ulkopuolelta. Päätimme laittaa sepeliä terassinkin alle, jotteivat muurahaiset asettuisi asustelemaan niin mieluusti talon nurkille. Talon kohdalla oli alunperin kaksi muurahaispesää, jotka siirrettiin pois ennen hommien aloitusta. Muuttovuotta seuraavana kesänä sisälle kyllä kuitenkin marssi mauriaisia, mutta saimme ne muurahaisrasioilla ja muilla konsteilla kaikkoamaan.

Maatyövaiheeseen kannattaa siis varata väljyyttä budjettiin ja miettiä erilaisia skenaarioita läpi, mitä yllätyksiä juuri omalla tontilla saattaisi tulla vastaan.

ELÄMÄÄ JA RAKENTAMISTA

Miksi talon rakentaminen on rankkaa? Siksi, että samalla ohessa pyörii oma normaali elämä ja rakennustyömaalla vietetyt tunnit tulevat sen lisäksi ja vuorokauteen mahdutettavaksi. Talotyömaalla ollaan yleensä iltaisin työpäivän jälkeen, pääsääntöisesti kaikki viikonloput, lomat ja ehkä palkatonta vapaatakin otetaan tätä ponnistusta varten. Monen normaalin elämän asian kohdalla painetaan suosiolla pausea rakentamisen vuoksi ja ajaksi. Kaiken kukkuraksi kaikesta muusta normaalista rentoutumisesta karsitaan ja iltamyöhälläkin väännetään tarjouspyyntöjä ja vertaillaan hanamalleja.

Rakentaminen on toisaalta hyvin palkitsevaa ja mielenkiintoista. On kiinnostavaa ja hienoa nähdä asioiden edistyvän ja oman käden jälki on nähtävissä heti. On mukavaa oppia uutta ja ottaa yhdessä talon kanssa askelia kohti sen valmistumista. Kuvitella jo mielessään tulevaa asumista, vaikka tontilla olisikin vasta pelkkä perustus tai kehikko vailla ikkunoita. Tavoite kannattaa pitää kirkkaana mielessä, että työmaalle tulee lähdettyä.

Rakentajan arkeen voi ja kannattaa lisätä pieniä hengähdyksen hetkiä. Kannattaa varata talkoisiin ja omaankin ahertamiseen vaikka kivat kahvihetken eväät ja luoda näin yhdessä tekemisestä vielä mukavampaa. Meillä oli työmaalla aina jotakin mukavaa pientä evästä, kuten suklaapatukoita ja limonadia, pikku kannustuksena. Koska kyseessä on maraton, työvaiheiden jakaminen osioihin ja niiden valmistumisesta iloitseminen ovat samalla rakentamiseen kuuluvaa stressiä vähentäviä tekijöitä.

Väsymys kuuluu väkisin rakentamiseen, kun sitä tehdään omilla resursseilla ja omalla ajalla. Väsyneenä on myös suurempi vaara onnettomuuksille. Meidän työmaalla pärjäsimme onneksi enimmäkseen laastareilla, mutta mieheni sai muutamia tikkejä vaativan haavan käteen ja hän putosi kerran A-tikkailta, onneksi kuitenkaan suuremmin sattumatta. Pääni osui maalatessa metallisiin talotikkaisiin, mutta siitäkin selvisi parin päivän levolla.

Lasten kanssa rakentaessa on omat haasteensa. Miten lasten hoito järjestetään silloin, kun ollaan itse työmaalla, vuorotellaanko ja minkä verran lapset jaksavat olla ja viihtyvät työmaalla? Tähän vaikuttaa tietysti sekin, minkä ikäisiä lapset ovat. Toki kun lapset ovat mukana työmaalla, on turvallisuudesta huolehtiminen erityisen tärkeää. Rakentaminen on kuitenkin lapsillekin kiinnostavaa ja rakennustyömaalla keksii erilaisia leikkejä, kuten isoissa hiekkakasoissa leikkimistä tai voi pelata puun palasilla dominoa. Rakentamisesta jääneistä laudanpätkistä on ollut iloa moneksi vuodeksi rakentamisen jälkeenkin, kun niistä on nikkaroitu maja, linnunpönttöjä ja vaikka mitä muuta.

Rakentamiseen liittyvät säädökset kerkesivät muuttua moneen otteeseen kolmen rakennusvuoden aikana. Saatikka mitä ne ovat olleet joskus vuosikymmeniä sitten. Esimerkiksi olohuoneen isojen ikkunoiden turvalasin paksuusvaatimus ja ulko-oven portaille vaadittavaan luiskaan liittyvät säädökset ehtivät rakennusprojektimme aikana muuttua. Osa säädöksistä vaihtelee myös paikkakunnittain, joten kannattaa aina tutustua juuri oman kunnan rakennusvalvonnan ohjeisiin. Myös eri rakennusmateriaaleista kerkesi tulla uutta tutkimustietoa, esimerkiksi juuri eristeiden osalta. Niinpä mekin teimme lennosta muutamia muutoksia. Talon rakentaminen tuntuu olevan yksi nopeimmin uudistuvista 'tieteen aloista', jota lisäksi sovelletaan käytäntöön heti.

KUINKA SÄÄSTÄÄ RAKENNUS-KUSTANNUKSISSA

Vaikka rakentaminen on kallista, on rakennusprojektissa monta osa-aluetta, joissa hintalappua saa hinattua alemmas. Tässä koottuna joitakin säästövinkkejä.

ITSE TEHDEN

Päätimme alunperinkin rakentaa pidemmällä aikavälillä ja tehdä taloa omien voimien ja ajan mukaan, mutta silti tiiviillä tahdilla. Suuri kuluerä budjetissa on juuri työn hinta ja tämä on se kohta, jossa saa aikaan suurimmat säästöt. Tekemällä itse pystyy oikeasti säästämään paljon. On paljon työvaiheita, joihin toki tarvitsee valtuutetun ammattilaisen, mutta todella paljon voi tehdä itse. Kolikon kääntöpuoli on se, että amatöörirakentajana usein on opeteltava itselle uusia työvaiheita ja perehtyminen asioihin vie enemmän aikaa. Mutta työmaasiivous, lautakasojen siirto ja maalaaminen onnistuvat keneltä vain ja monet muut asiat ovat täysin opeteltavissa. Toisaalta juuri vaikkapa työmaasiivous on jotakin ihan muuta, kuin että siitä vain laitetaan imuri laulamaan. Betonin hiontapöly ja hienojakoinen puupöly ovat terveydelle hyvin vaarallista pölyä kertyessään keuhkoihin, joten etenkin työmaasiivouksessa on oleellista varustautua tarpeeksi tehokkailla hengityssuojaimilla. Tietoa siis tarvitaan yksinkertaisissakin hommissa.

Työkaluhankintoja tulee itse rakentaessa välttämättä enemmän eteen. Hankinnoista on toki hyötyä myöhemmin rakennuksen ylläpidossa ja työkaluja voi myös vuokrata. Me teimme työvaiheista itse, eli kahdestaan mieheni kanssa, suuren osan putkituksista ja salaojituksista, lattian eristykset ja betonilattian raudoituksen ja hionnan, väliseinien rungot ja eristykset, kipsilevyjen asennukset ja tasoitukset, talon maalaukset sisältä ja ulkoa, tapetoinnit, työmaasiivouksen, kuistin katon runkorakenteesta eteenpäin, ikkunoiden tiivistykset ja vuorilaudat, ilmanvaihtokanaviston asennuksen, kylpytilojen vedeneristykset, talon kaikki laatoitukset, paneloinnit ja listoitukset, parketin asennuksen, keittiön ja kodinhoitohuoneen kaapistojen asennuksen, sähköjen vedot, terassi- ja kuistilaudoitukset sekä ulkorappuset.

Työnjako asettui aikalailla niin, että mieheni vastasi pääsääntöisesti sirkkeliä, sahaa, laseria, mittanauhaa ja ruuvinvääännintä vaativista hommista, minä puolestani lapiota, pensseliä, telaa, teollisuusimuria ja niittipyssyä vaativista hommista. Pystysuunnassa taas minä tein hommia sillä korkeudella, mihin maksimissaan A-tikkaiden ylimmältä portaalta ylettyy ja mieheni siitä ylöspäin tikkailla, telineillä ja katolla tehtäviä töitä.

Hoidimme itse myös projektinhallinnan eli tavaroiden ja työntekijöiden saamisen paikan päälle oikeaan aikaan ja paperityöt sekä työntekijöiden ja talopakettiin kuulumattomien materiaalien kilpailutukset. Muun muassa maanrakennustöihin ja viemäri- ja vesijohtoputkitusten asennuksiin saimme kultaakin kalliimpaa talkooapua ja tavaroiden siirtelyssä työmaalla, talon maalauksessa, kattopaneelien asennuksessa sekä kaappien asennuksessa saimme myös silloin tällöin talkooapua.

Rungon pystytyksen, ikkunoiden asennuksen ja katon tekivät kolme palkattua rakennusmiestä ja työmaalla kävi lisäksi useita ammattilaisia tekemässä tiettyjä työsuorituksia tarvikkeineen. Tällaisia olivat perustuksen muotitus, perustuksen valu ja lattiavalu, muuraukset, maalämpökaivon poraus, lattialämmityksen asennus ja kytkentä, sähköjen kytkennät ja sähkötöiden valvonta, putkityöt vaadituin osin ja valvonta sekä puhallusvillojen ja rännien asennukset.

Talkootyö liittyy itse tekemiseen ja se onkin monella hartiapankkirakentajalla merkittävä osa kokonaisuutta. Parhaimmillaan talkoot ovat mukavaa yhdessä tekemistä. Tässä on tärkeää kuulostella ketkä läheiset tarjoutuvat, haluavat ja kerkeävät olla avuksi ja kartoittaa jo ennen projektia mahdollisuutta talkooapuun. On hyvä muistaa kertoa, että tietenkin on itse käytettävissä vastavuoroisesti apuna, kun myöhemmin joku talkoolainen tarvitsee jotakin apua. Tämä tekee myös avun vastaanottamisesta helpompaa. Talkoorupeamien ajaksi voi ja ehdottomasti kannattaa ottaa vakuutusyhtiöstä talkooväen vakuutus, joka maksaa muutaman kympin.

Toki itse tekeminen ja talkootyö eivät aina ole mahdollisia ja ammattilainen hoitaa jo ihan säädösten perusteella kriittisimmät vaiheet, kuten sähkötöiden kytkennät. Mutta monia työvaiheita voi tehdä itse. Myös rakennusprojektin suunnittelu- ja hallinnointityöt, kuten tarjouspyynnöt ja budjettiseurannan, itse tehden säästää, sillä ne ovat työmäärältään isoja kokonaisuuksia.

KILPAILUTUS JA TUOTEVERTAILU

Hankittavaa rakennustyömaalle on vaan niin paljon, että kilpailuttaminen tuo lautaselle ison siivun kakkua, mikäli kilpailuttamista vain jaksaa sinnikkäästi tehdä. Se on toki työlästä ja vie paljon aikaa. Riippuu paljon talopaketista, mitä kaikkea talotoimitukseen kuuluu. Silti vaikka talotoimitus olisi melko laaja paketti, muttei kuitenkaan avaimet käteen, kaikenlaista nippeliä ja nappelia riittää erikseen hankittavaksi.

Kannattaa tehdä kustannusarviotaulukointi hankinnoista, jotta pysyy paremmin kärryillä kussakin vaiheessa tarvittavista tarvikkeista. Taulukoinnin avulla on helpompi hahmottaa ja listata tarvikkeita ja katsoa kuuluvatko ne talotoimitukseen, vai ovatko ne itse lisäksi ostettavia materiaaleja. Meillä kävi esimerkiksi aluskatteiden kanssa niin, että ne eivät kuuluneetkaan talopaketin toimitussisältöön, vaikka olimme niin kuvitelleet. Taulukointi auttaa suunnittelemaan valmiusasteen kehittymistä, rakennuslainan nostoerien ajankohtia ja palkan maksujen budjetointia, jos on palkattuja työntekijöitä.

Rautakauppoja kannattaa todella kiertää hyödyntäen jämäerälaatat, kakkosluokan laatat, parkettierätarjoukset, poistotuotteet ja ruuvipakettitarjoukset. Me budjetoimme erilaisiin nippeleihin ja nappeleihin, tiivistemassoihin ynnä muuhun menevän budjettiosuuden alakanttiin, eli tällaisia tarvikkeita kannattaa metsästää tarjouksina. Syksyllä saa alennuksella usein kesätavaraa, kuten terassitarvikkeita ja keväällä taasen syksytavaraa, kuten eristeitä ja muuta. Tällaisten hankintojen osalta kannattaa kuitenkin miettiä, että missä pystyy säilyttämään näitä tarjoustuotteita jotteivat ne mene pilalle, jos ne eivät vielä liity juuri sen hetkiseen rakennusvaiheeseen.

Säästönä voi hankkia muilta rakennustyömailta ylijääneitä tarvikkeita tai ostaa työkaluja käytettynä. Mekin ostimme toisilta rakentajilta muun muassa jämäeristeitä, laattaleikkurin ja joitakin muitakin rakennustarvikkeita. Kannattaa muistaa kuitenkin, että netissä liikkuu myös etenkin työkalupuolella varastettua tavaraa, eli on tarkistettava luotettavat myyjät.

Rahdilla on usein merkittävä osuus summasta, koska rakennustuotteet ovat isoja ja painavia kuljetettavia.

Kannattaa toki myös kysyä kauempaa, joskus rahti on jopa edullisempi kaukaa tilattaessa. Toisaalta usein paikallisesta rautakaupasta hakemalla tuotteen itse ja myös keskittämällä ostoksia saa sittenkin edullisimman hinnan. Tämä selviää vain kysymällä, joten siksi kilpailutus on oleellista. Tilasimme lisäksi joitakin yksittäisiä tarvikkeita kuitenkin myös ulkomailta, kuten parketin alle laitetun korkkimaton sekä viemärintuuletusputkien eristeitä ja läpivientejä, jotka tilasimme huomattavan suuren hintaeron vuoksi ulkomailta eBaysta.

Joskus se puuttuva ruuvipaketti on toki vain haettava nopeasti lähimmästä rautakaupasta, mutta etenkin isompien hankintojen osalta muutamasta paikasta tarjoukset kysyen voi säästää. Myös suoraan tehtailta tarjouksia kysymällä ja tavaraa sieltä itse noutamalla saa säästöjä.

Jos kirjoittaa rakennusblogia, voi aina tiedustella yrityksiltä myös kiinnostusta sisältöyhteistyöhön. Sain näin omaan blogiini rakennusaikana noin seitsemän yhteistyötä kymmenestä ja kolme kymmenestä oli minulle yrityksen puolelta tarjottuja kaupallisia yhteistöitä. Kaikilla rakennusalan yrityksillä ei ainakaan muutama vuosi sitten ollut välttämättä selvillä blogin kirjoittajan ansaintamallit. Moni tunnisti blogin mainosarvon tuotteelleen, mutta ajatteli bloggaajan haluavan jonkin tuhansia euroja maksavan tuotteen suoraan kirjoittamista vastaan. Itse sovin lähes poikkeuksetta yhteistyöt niin, että ostimme itse tuotteen ja sitten laskutin toiminimeni kautta sovitun markkinointiyhteistyön hinnan, koska tämä oli myös verotuksellisesti aina selkein malli. Samalla esittelin yritykselle suunnitelmani blogikirjoituksen teemasta ja sovimme postausten ja Instagram-nostojen määrän, jotka tuotteesta tehtäisiin.

Joistakin yksittäisistä tuotteista sovimme hinnanalennuksen blogikirjoitusta ja Instagram-näkyvyyttä vastaan, tämän kannattavuus on aina bloggaajan mietittävä tarkasti, koska hinnanalennukset ovat myös verotettavaa tuloa. Muutaman alle viidenkymmenen euron hintaisen tuotteen otin vastaan tuotteen testausta varten. Blogissani on myös mahdollisuus yritykselle suoraan sivupalkkimainokseen, jonka hinnasta sovimme samassa yhteydessä. Olen käyttänyt blogissani myös affliate- eli kumppanuusmarkkinointia itselleni mieluisten yritysten kanssa.

TALON VARUSTELUTASO

Varustelutaso ja rakenteet vaikuttavat tietysti oleellisesti rakennusbudjettiin. Meillä on kylpyhuoneissa rakenteeltaan tavalliset lattiakaivot ja perinteiset wc-istuimet ja suihkut, eli ei trendikkäitä seinään upotettavia malleja tai suihkutilan seinän vieressä olevaa lattiakaivoa. Tämäntyyppisillä mahdollisimman simppeleillä ratkaisuilla tulee merkittävä säästö, sillä erikoisrakenteet ovat työläitä toteuttaa ja ne maksavat siten paljon.

Talomalli ja neliöt vaikuttavat toki lähtökohtaisesti paljon kokonaishintalappuun, samoin esimerkiksi ovatko terassit katettuja vai eivät ole. Toisaalta meillä on talon katossa jiirejä, joiden tekeminen tuli tietenkin kalliimmaksi kuin suorat lappeet. Mutta nämä ovatkin niitä valintoja, joita rakentaja tekee puntaroidessaan mitkä asiat ovat juuri itselle tärkeitä.

Meidän talomalli on silloisesta Finnlamellin mallipankista, se ei siis ole suoraan katalogista, mutta se oli kuitenkin valmis malli. Mitään arkkitehtejä emme ole erikseen käyttäneet. Talomalli oli jo valmiiksi muunnelma, jossa oli yhdistetty kahta eri katalogimallia keskenään. Muutokset malliin suunnittelimme itse ja muutosten tekemisen piirustuksiin sovimme talomyyjän kanssa tilauksen yhteydessä ja rakentamisen edetessä. Jos käytettäisiin arkkitehtejä, sisustussuunnittelijoita ja pihasuunnittelijoita, kasvaisi tietenkin hintalappu, koska ostetun työn määrä kasvaisi. Jollekin toki voi olla tärkeää juuri näiden ammattilaisten hyödyntäminen. Vaihtelua on todellakin paljon sen skaalan välillä, että rakentaako talon pitkästä tavarasta hartiapankkirakentajana vai ostaako avaimet käteen paketin. Meille tärkeintä oli alusta asti tehdä talopaketin raameissa kaikki meille mahdollinen itse ja tällä oli merkittävä vaikutus myös hintalappuun.

Paljon merkitystä on myös sillä, minne talonsa rakentaa. Yksi tärkeä säästökohde meillä oli rakentaa taajaman ulkopuolelle. Tontti saatiin lahjana ja koska se ei ole rantakaava-alueella, verotuksessa lasketaan metsämaalle arvo alueella toteutuneiden metsäkauppojen keskiarvon mukaan. Tämä oli noin 3000 euroa hehtaarilta. Näin lahjaveroa ei tullut maksettavaksi, eli tontin hinnaksi muodostui lohkomistoimituksen hinta, joka oli tuolloin reilut tuhat euroa. Tämän perusteella tuntuivat omakotitalotonttien hinnat hurjilta Jyväskylän alueella, kun niitä oli myynnissä haarukalla 25 000 euroa yli 200 000 euroon rantatonteista. Kaupunkitontille olisimmekin korkeintaan varmaan teltan voineet pystyttää! Toisaalta monet kunnat tekevät työtä houkutellakseen uusia kuntalaisia ja rakentajia tarjoten omakotitalotontteja vaikkapa tuhannella eurolla.

Kannattaa miettiä, mitä oikeasti tarvitsee ja mitä asumisessa arvostaa. Tarjolla on vaikka mitä hienouksia ja aina keksitään ja kaupitellaan uutta ostettavaa. Uutuuksista voikin usein aluksi tulla olo että vau, tuohan on kätevä. Mutta onko se kuitenkaan asumisen ja elämisen kannalta välttämätön ja hintansa väärti? Tarvitseeko sitä kymmenenkin vuoden päästä? Vaikkapa kodin älytekniikan osalta kannattaa miettiä tarvitseeko sitä ja jos tarvitsee, millä tavalla toteutettuna. Emme itse kokeneet missään vaiheessa tosiaankaan tarvitsevamme jääkaappia, joka ottaa itse kuvia sisällöstään. Yön yli kannattaa tosiaan nukkua päätöksiä tehdessä.

VASTAAVAN MESTARIN APU

Hyvä ja asiantunteva vastaava mestari on erittäin tärkeä asia, sillä vastaava mestari on tärkein kumppani rakentajalle. Hän osaa niin vinkata luotettavia suorittajia eri työvaiheisiin kuin ehdottaa toimivia rakenneratkaisuja ja järkeviä materiaalivalintoja. Hän antaa kullanarvoisia vinkkejä ja apuja eri työvaiheiden suorittamiseen, koska hän myös valvoo tehtyjen töiden olevan rakennusvalvonnan hyväksymiä.

On myös hyvä, että vastaava mestari on perehtynyt juuri kyseessä olevan rakennustyypin kikkoihin, eli meidän tapauksessa hirsitalon rakentamiseen, tai jos joku rakentaa kivitaloa, kivitalojen kiemuroihin.

Meillä oli onnea saada hankkeellemme todella hyvä ja asiantunteva vastaava mestari, joka antoi paljon tärkeitä vinkkejä ja ohjeita rakentamisen eri vaiheissa. Hän esitteli myös perusteluja, tutkimustietoa ja eri näkökulmia valintojemme tueksi. Hänen kauttansa löysimme myös palkkaamamme rakennusmiehet kehikon pystytykseen sekä muurarin muuraustöillemme.

MIKSI BUDJETISSA PYSYMINEN ON VAIKEAA?

Budjetista, vaikka sen koettaisi kuinka tarkasti laatia etukäteen, voi jäädä jotakin jo lähtökohtaisesti pois tai siihen voi tulla jotakin lisää. Tällainen yllättävä meno oli meillä esimerkiksi se, että jouduimmekin alkuoletuksista huolimatta tilaamaan pienen kallionräjäytyksen viemäriputkien vetoa varten. Maatyövaihe onkin otollinen budjettiylityksille. Talonrakennuksen luonteeseen nämä yllätykset vain kuuluvat, eikä niitä oikein pysty ennakoimaan vaikka yrittäisikin. Toki sama tilanne on vanhaa taloa remontoidessa, kun ei tiedä mitä pinkopahvien takaa tai lattian alta paljastuu.

Muita tällaisia rakennusbudjettiin vaikuttavia yllätyksiä voivat olla erilaiset olosuhteista johtuvat viivästykset, lisätyöt ja esimerkiksi viime vuosina rakentajien budjettiin vaikuttanut puutavaran ja muiden tarvikkeiden hinnannousu inflaation myötä tai saatavuuden heikentyessä. Vaikka mekin jätimme budjetissa varaa odottamattomiin yllätyksiin, budjetti silti ylittyi hieman.

Laattoihin, muihin tarvikkeisiin ja pintamateriaaleihin voi budjetoida jonkun summan, mutta vasta kun on laattaliikkeessä ostoksilla, varma loppulasku selviää. Koska juuri laatoitus on niin viimeisenä tehtäviä työvaiheita ja usein laatoituspintaa on useassa huoneessa yhteensä paljon, voi siinä kohtaa ylitystä budjettiarvioon tulla. Meillä lisäksi laatoitustyö jäi kokonaan itselle tehtäväksi, vaikka alkuperäinen suunnitelma oli palkata siihen tekijä. Laatoituksen osuus meni siis yli budjetin, josta toisaalta pystyimme säästämään, kun teimmekin sen itse. Laatat hankimme edullisista jäännöseristä ja kakkosluokkana. Laatoituksen lisäksi muut sisustuselementit ja pinnat ovat vaarassa nostaa budjettia niiden ollessa viimeisenä tehtävien hankintojen listalla, etenkin mikäli aiemmissa piiloon jäävissä rakenteissa on jo tullut budjettiylityksiä.

Helposti unohtuvia piilokuluja voivat olla myös esimerkiksi vakuutukset. Rakennustyömaan kotivakuutusmaksu on suurempi kuin vastaavan valmiin omakotitalon kotivakuutus rakennustyömaan riskaabelialttiuden vuoksi. Sähkön hinnan yllättävä nousu nostaa myös energiakuluja rakennustyömaalla. Kannattaa muistaa myös vakuuttaa työmaalla olevat työkalut tarpeeksi suurella summalla, talotyömailla voi valitettavasti käydä työkaluvarkaita. On muistettava myös vakuuttaa talkooporukka tapaturmien varalta.

Moni varmasti pähkäilee, onko taloudellisesti mahdollista ylipäänsä ryhtyä rakentamaan taloa. Talon lopulliseen hintaan vaikuttavat tietenkin paljon myös mahdollinen asuntolaina ja korkokulujen heilahtelut vuosien saatossa. Mitenhän meille esimerkiksi olisi käynyt, jos euriborkorot olisivat olleet muutama vuosi sitten näin korkealla. En tiedä tarkalleen, millaisia talouden suhdanteet olivat rintamamiestalojen rakentamisen aikaan tai minkä mittakaavan investointi talonrakennus oli 80-luvulla. Mutta nykyään rakentaminen on todella kallista, niin kuin kaikki muukin. Onneksi joissakin asioissa voi hyvin säästää ja asioita voi ja kannattaa priorisoida.

Omasta uurastuksesta johtuen meillä on siis maltillinen asuntolaina, vaikka budjetti silti ylittyi hiukan ja valmistumisaikataulu venyi. Rakentajalle raskas aika on se, kun kaikki laina on nostettu, budjettiylitystä on voinut tulla enemmän tai vähemmän ja rakennus on kenties vielä kesken lainanlyhennysten lähtiessä pyörimään.

Rakensimme talomme kaikilta mahdollisilta osilta hartiapankin voimin, tämä olikin meille ainut mahdollisuus toteuttaa unelmamme. Vaikka talomme ei olekaan tehty pitkästä tavarasta, vaan se on talopaketista koottu, tuntui työtä silti olevan ihan riittämiin. Talopaketin osalta voikin tehdä vaihtelevia ratkaisuja sisällön suhteen. Kuten on jo aiemmin todettua, sen väliin mahtuu paljon vaihtelua, että tuleeko tontille vain tietyt materiaalit tai onko kyseessä avaimet käteen toimitus. Lopputulema joka tapauksessa on, että budjettia on seurattava visusti, siinä on oltava varaa yllätyksiin ja kuitit on syytä pitää ojennuksessa.

MIKSI AIKATAULUSSA PYSYMINEN ON HAASTEELLISTA?

Aikataulussa on rakentamisessa vaikeaa pysyä monestakin syystä. Seuraava työvaihe riippuu aina siitä, milloin edellinen on saatu valmiiksi. Eli jos edellinen vaihe viivästyy, seuraavakin viivästyy ja mahdollisesti sitä tekemään tilattu tekijä on mennyt tällä välillä toiselle työmaalle, eikä häntä saada paikalle kuin vasta myöhemmin. Jotakin tavarantoimitusta voidaan joutua odottelemaan, eikä siksi päästä aloittamaan kyseistä työvaihetta. Näin helposti dominovaikutus sysää aikataulun kaaokseen. Tai sitten voi iskeä influenssa ja työmaalle ei kykene menemään pariin viikkoon.

Aikataulu on budjetissa pysymisen ohella tekijä, joka aiheuttaa suurimman osan rakentamiseen liittyvästä stressistä. *Valintaväsymys* on vielä oma stressin aiheensa. Jossakin kohtaa voi alkaa tuntua, että on aivan sama mitkä laatat seinille päätyvät, kun on jo siinä vaiheessa tehnyt niin monta valintaa, kilpailutusta ja muutosta suunnitelmiin. Koin etenkin teknisten ratkaisujen miettimisen ja valitsemisen haastavana, koska ne ovat niin oleellisia rakennuksen käyttämisen ja toimivuuden kannalta. Isojen hankintojen soisi olevan oikeita ja pitkäikäisiä valintoja. Näistä saatetaan myös olla eri mieltä rakentajien kesken ja valita asioita eri perusteilla. Kompromissitaitojakin on siis hyvä vetristää rakentamisen myötä.

On myös luonnollista kuvitella positiivisesti asioiden hoituvan ajatellussa aikataulussa, mutta totuudessa viivästysten lisäksi moneen hommaan menee yleensä enemmän aikaa, kuin mitä on kuvitellut ennen siihen ryhtymistä. Etenkin jos tekee itse ja kyseessä on itselle uusi työvaihe. Niinpä meidän talo puolessatoista vuodessa valmiiksi -projekti kesti lopulta kolme vuotta.

Aikataulun pitämisessä on raskasta sekin, että sitä seurataan jatkuvasti. Pankissa seurataan rakentamisen edistymistä, rakennushankkeessa mukana olevat tahot seuraavat projektin edistymistä ja toki itse rakentajat seuraavat sitä.

Pohjapiirustus muutosten jälkeen

TAKAISIN TYÖMAALLE

On aika rullata rakennuspiirustukset auki ja ottaa saha ja naulain käteen. Palataan työmaalle kurkistamaan tarkemmin meidän talonrakennustarinaamme.

VUOSI 2017 ~ UNELMIA JA PERUSTUKSIA

Rivitalokolmiomme keittiön pöydälle oli alkanut kasaantua nipuittain talotehtaiden esitteitä. Mietitytti toki, että oliko nyt oikea aika aloittaa rakentaminen ja myydä kiva ja viihtyisä rivitaloasunto pois, jossa olimme asuneet seitsemän vuotta. Tänne oli kummankin lapsen vauvankoppa kannettu sairaalasta, joten paljon jäi muistoja ja haikeutta tähän lastemme synnyinkotiin. Mutta, aika aikaansa kutakin ja uteliaana uutta kohti.

Toiveet kodin mahdollisimman terveestä sisäilmasta ja ekologisesta rakentamisesta saivat hirsitalotoimittajien esitteet asettumaan pinon päällimmäisiksi. Tutustuminen muutamiin uusiin hirsitaloihin Jyväskylässä ja Finnlamellin esittelytaloon Alajärvellä, vahvistivat hirsitalon tuntuvan vahvasti omalta jutulta. Sopiva talomallikin ponnahti Finnlamellin omakotitalon verkkosivuilta luonnospankkia selatessa verkkokalvoille ja se tuntui heti sopivalta pohjaa myöten. Olimme selailleet tätä ennen erilaisia pohjaratkaisuja läpi uudestaan ja uudestaan.

Valinnan jälkeen muokkasimme pohjapiirustusta vielä muutaman kuukauden ajan, piirros oli keittiön työtason kulmalla hautumassa. Merkitsimme siihen ohi mennessä aina jotakin mieleen tullutta ja lapsetkin kävivät piirtämässä omat merkintänsä. Näiden muutosten jälkeen talosta tulikin aivan toiveittemme mukainen ja muokatut rakennuspiirustukset laitettiin tekeille.

Pohjapiirustuksen kriteereinä oli ei liikaa neliöitä, mutta kuitenkin neljä huonetta: lapsille omat, päämakuuhuone ja työhuone. Vaatehuoneen halusimme makuuhuoneen yhteyteen ja kivana mausteena pohjapiirroksessa oli jo valmiiksi vaatehuoneesta pääsy kodinhoitohuoneeseen, sitä tuskin olisimme itse keksineet. Se onkin osoittautunut arjessa tosi kivaksi ja näppäräksi.

Korkea olohuone ja takka keskellä taloa olivat myös toiveina. Itse pidän tyylillisesti vanhasta arkkitehtuurista, pitsihuvilatunnelmasta ja sen sellaisesta, mieheni modernimmastakin. Löytämässämme talomallissa jotenkin yhdistyivät maagisesti kummankin toiveet, toisella pitkällä sivulla on koristeellisempi ilme ja toisella modernimpi ilme. Erkkerin kolmioseinän ikkunoiden mallia pyörittelimme pitkään ja tuuletusikkunoiden paikkaa vekslasimme pariin otteeseen. Halusimme yksikerroksisen talon. Valitsemassamme talomallissa on mukavaa, kun talossa on kuitenkin näennäisesti korkeutta koristeikkunan ja olohuoneen korkeiden ikkunoiden myötä. Omien toiveiden mukaisten muutosten tekeminen hoitui todella jouhevasti ja kärsivällisesti talotoimittajamme puolelta.

Talotehtaalla vierailtuamme Finnlamellilta ehdotettiin yhteistyötä rakennusblogin kirjoittamisen muodossa ja *Hirsiä Aurinkokalliolle* -blogi sai alkusysäyksensä. Mietin heti aluksi, mikä blogini *niche* eli blogin kantava teema rakentamisen lisäksi voisi olla. Päätin, että pyrin tuottamaan blogiin laadukkaita etupäässä järjestelmäkameralla otettuja kuvia sekä kirjoittamisen puolella kertomaan rakentamisen vaiheista tarkasti ja avaamaan rakennusteknisiä asioita.

Blogista tuli tärkeä osa myös rakennusbudjettiamme, koska tein paljon kaupallisia yhteistöitä eri rakennusalan yritysten kanssa. Taloprojektimme työvaiheista löytyy blogista lisätietoa ja lisää kuvia havainnollistamaan kuljettua raksamatkaa. Sekä blogin lukijoista että Instagramissa *@hirsia_aurinkokalliolla* -tilin seuraajista suuri osa on ollut mukana seuraamassa rakennusprojektiamme alusta asti.

TONTILLA TAPAHTUU

Aloimme siis järjestelemään elämää rakentamisen mukaan ja laitoimme keväällä rivitaloasuntomme myyntiin. Yritimme ensin myydä sitä itse, mutta ilmeisesti kukaan ei uskalla ostaa suoraan myyjältä asuntoa, joten annoimme sen myytäväksi samalle kiinteistönvälittäjälle, keneltä olimme sen itse ostaneet. Yhden näytön jälkeen asunto myytiin muutamassa viikossa. Samalla pyöri siis härdelli myyntiesittelykuvien, asuntokauppojen ja muuttamisen kanssa.

Kävimme yhtenä iltapäivänä allekirjoittamassa sopimuksen talotoimituksesta. Saimme matkaan työmaakyltin laitettavaksi työmaalle ja tuuli meinasi tempaista sen heti ovensuussa käsistämme. Talomyyjämme antoi hirren päädystä leikatun leikkuulaudan meille myös lahjaksi, sitä vasten on tänäkin aamuna omenalohkot leikattu koululaisten eväsrasioihin.

Kovin kiireisellä aikataululla meillä ei ollut alun

perinkään aikomusta rakentaa, vaan miettiä rauhassa asiat loppuun asti. Rakennuslupa laitettiin hakuun muokatulla pohjapiirustuksella ja metsän raivaus, pohjatyöt sekä perustus suunniteltiin tehtäväksi kesän aikana. Hirsikehikon pystytys aikataulutettiin talvelle, koska se on hirsitalolle suotuisin aika pystytykseen sopivan ilmankosteuden vuoksi. Tällöin ei myöskään yleensä sada niin, että hirret pääsisivät kastumaan ja sotkeentumaan.

Tontilla kaatui jo ensimmäisiä puita, joskaan ei talon kohdalta vaan tontin rajalta. Tontin lohkominen suoritetaan lahjakirjan tai kauppakirjan tekemisen ja lainhuudatustodistuksen saamisen jälkeen maanmittarin toimesta. Mukana lohkomistoimituksessa on oltava moottorisahan ja vesurin käyttötaitoiset henkilöt sekä asianosaiset. Vanhat rajat avataan tarvittaessa homman edetessä ja leka heiluen laitetaan uudet rajapyykit. Uudelle kiinteistölle annetaan samalla nimi. Noin kuukauden kuluttua postilaatikosta odotellaan saapuvaksi omaa kiinteistötunnusta, jonka jälkeen voi hakea sähköisen panttikirjan rakennuslainaa varten.

Kun meillä sitten oli tontti mietimme miten talo asetellaan tontille niin, että ilta-aurinko paistaisi terassille ja aamuaurinko kuistille. Tässä vaiheessa myös löysimme ja palkkasimme vastaavan mestarin projektiimme. Rakennuspiirustuksiin tehtiin vielä muutamia viimeisiä muutoksia, joita rakennusvalvonta paikkakunnallamme vaati, esimerkiksi vessaan ja kodinhoitohuoneeseen lisättiin lattiakaivot. Muutamia muitakin yksityiskohtia vielä täsmennettiin, kuten följarit siirrettiin näkyviin ulkoseinien puolelle. Päätimme myös lisätä kodinhoitohuoneeseen kuivasyöpön, jota ei muuten ole käytetty vielä kertaakaan. Sen päällä on nimittäin edelleen laatikko, jossa on rakennusaikaisia maalipurkkeja vinossa pinossa säilytyksessä. No kaikki aikanaan, onpa vielä uusia ominaisuuksia talossa testaamatta! Samalla kokosimme muita tarvittavia liitteitä rakennuslupaa varten.

Saimme rakennusluvan ja sovimme aloituspalaverin. Aloituspalaveri pidetään rakennusvalvonnan kanssa ja mukaan palaveriin tulevat rakennustarkastaja, itse rakentajat sekä pääsuunnittelija kautta vastaava mestari. Palaveerauksen jälkeen kävimme tontilla tekemässä katselmuksen ja näin hanke oli virallisesti siunattu ja polkaistu käyntiin. Kävimme merkitsemässä tontille talon nurkkien paikat aika lailla heti katselmuksen jälkeen. Tässä vaiheessa mietimme vielä vaihtoehtona harkkoperustusta, mutta hylkäsimme ajatuksen ja päädyimme toteuttamaan perustuksen betonimuottiperustuksena.

POHJAPIIRUSTUS

Pohjapiirustukseen tehdyt muutokset paikkakuntamme rakennusvalvonnan vaatimien muutosten lisäksi ovat: terassi piirrettiin jatkumaan koko kulman alueelle, kuistille jätettiin varaus mahdollisuuteen muuttaa se puolilämpimäksi verannaksi ja eteisestä poistettiin väliseinä. Käynti työhuoneeseen siirrettiin tapahtumaan olohuoneen pariovista. Talon ulkomittoja jatkettiin hieman alkuperäisestä piirustuksesta, jotta makuuhuoneet suurentuivat neliön verran kumpikin. Kulku tekniseen tilaan siirrettiin tapahtumaan sisäkautta, joten yksi ulko-ovi vähentyi alkuperäisestä piirustuksesta. Kylppäristä poistettiin seinänpätkä.

Talotoimitusta allekirjoitettaessa emme vielä tienneet mitä följarit ovat, vaikka olimmekin niitä tietämättämme ihailleet yhdessä esittelytalossa ja nähneet niitä muissa vanhoissakin taloissa. Nehän ovat siis seinään pultatut pystypuutuet, jotka estävät hirsitalon pitkien seinien pullistumista. Ne voidaan laittaa joko piiloon tai näkyville. Me halusimme ne koristeeksi ulkoseinälle, joten följarit piirrettiin näkyviin. Näiden muutosten lisäksi pohjapiirustukseen tuli vielä myöhemmin lennosta muutama muutos, kuten juuri kurasyöpön lisäys. Terassin leveämpää sivua päätettiin jatkaa metrin verran aurinkoterassiksi, joka ei ole katettua ja kaiteisiin ja portaisiin tuli myös muutoksia. Olimme ehtineet jo vähän miettiä, mille alueelle ulkoilu ja oleskelupihan käyttö keskittyisivät.

Takan takaa poistettiin muurattu seinänpätkä, sillä valitsemassamme takkamallissa on leivinuuni toisella puolella. Tikkaat katolle siirtyivät talon oikealle sivulle, jotta niitä pitkin pääsee myös terassin katolle. Niinpä toinen följari vasemmalla talon toisessa päädyssä siirrettiin myös näkyviin. Teknisen tilan oven kätisyys vaihdettiin, jotta tilan säästämiseksi ovi aukeaa ulospäin huoneesta. Tekninen tila alkoi vaikuttaa tulevan aika täyteen tavaraa. Kyllä kaikki aparaatit sinne sulassa sovussa myöhemmin mahtuivat, vaikkakin oli kolmiulotteinen palapeli.

Kävimme tekemässä keittiösuunnitelman ja jäimme pohtimaan muutamia ratkaisuja keittiön osalta. Keittiö oli osio, jossa keittiösuunnittelijamme ammattitaito oli iso osa onnistunutta lopputulosta. Hän todella osasi suunnitella keittiön toimivaksi ja tehdä siihen hyödyllisiä muutoksia. Esimerkiksi saareke muutettiin leveämmäksi kuin alkuperäisessä suunnitelmassa, jotta uunipellinkin mahtuu nostamaan keittotason viereen.

Erityisesti sisustuksen osalta mietimme kylpytilojen suunnittelua jo heti alussa. Tämä aiheutti innostusta siksi, että sellaista emme olleet aiemmin suunnitelleet. Tavoitteena oli tehdä suunnittelu huolella, sillä kylppärin laatat ovat se kohta, josta talon aikakausi helposti paljastuu. Eikä se tietenkään sinällään haittaa, mutta toiveena oli taikoa mahdollisimman klassinen, rauhallinen ja ajaton tunnelma kylpyhuoneeseen. Neutraalit vaaleanharmaat sävyt olivat alusta asti voitolla väriksi kylpytilojen lattialaattoihin. Eteisen ja erillisen WC:n beigen sävyt tulisivat lattiaan suurina laattoina ja kylppärin lattiaan pienempiä. Kylppärin seiniin laitettaisiin vaaleaa suurehkoa laattaa ja koristeeksi suihkuseinälle luonnonkiviä. Etenkin kylpyhuoneen osalta Instagram oli hyvä apu ideoiden löytämisessä. Löydetyt ideat kylpyhuoneen osalta toteutuivatkin aika pitkälle. Muutoin sisustuksen pintamateriaalit oli tarkoitus tehdä pääpiirteittäin samantyyliseksi, kuin mitä ne olivat olleet entisessä pintaremontoimassamme asunnossa. Ei siis ollut paljoa miettimistä tässä kohtaa, rakseja vain ruutuihin.

Rakennusmessut Jyväskylässä ja Lahdessa olivat paikkoja, joissa sai hyvin apua ja vahvistusta valinnoille etenkin talon teknisten ratkaisujen osalta. Messujen jälkimainingeissa päätimme niin aiemmin mainitut puukuitueristeet, maalin valmistajan kuin mitkä koristepaneelit eteiseen tulevat. Ostimme messuilta myös messutarjouksena vessan lattialaatat, jotka olivat silloin tosin vielä suunniteltu laitettavaksi eteiseen. Messureissut olivat hyödyllisiä ja samalla tutustuimme messuilla ihmisiin ja sovimme sisältöyhteistöitä blogiin.

Asuntomessut järjestettiin vuonna 2017 Mikkelissä ja kävimme siellä kiertelemässä ja tavoittelemassa valmiin talon tunnelmaa. Tontillamme oli jo tuolloin metsän raivaus käynnissä. Messuilla vahvistuivat valinnoiksi asti ainakin liesituulettimen malli ja kylpytilojen maanläheinen sävymaailma.

MAATYÖMYLLÄKKÄÄ

Kun talo tehdään metsään, on tietysti ensin tehtävä tontille tie, kaadettava puut ja ajettava pois risut, rangat ja rungot. Sitten alkaa varsinainen maatyöosuus ja rakennuksen pohjan teko. Maanpinta kuoritaan eli puiden juuret ja kannot kaivetaan ylös ja kuskataan pois tontilta. Muutama suuri kivi nousi ylös ja ne päätyivät myöhemmin kivaksi kiviasetelmaksi pihalle.

Paljon riippuu maaperästä, mitä kaikkea maatyövaiheeseen kuuluu ja tässä kohtaa voi tulla juuri niitä yllätyksiäkin. Kalliota saattaa joutua jossakin kohtaa räjäyttämään. Meidän talo on hiekkakankaalla, joten räjäytyksiä tai paalutuksia ei tarvinnut perustuksen alla tehdä ja maapohjan rakentaminen perustuksen alle oli selkeää.

Kuorimisen jälkeen maa tasoitettiin ja sitä tiivistettiin täryttämällä. Tuntui hyvältä tehdä kaikenlaisen suunnittelun jälkeen konkreettisia asioita tontilla. Pohjalle laitettiin kapillaarikatko. Tämä tarkoittaa, että kosteuden nouseminen perustuksen alta maaperästä estetään suurikokoisella kalliomurskeella, jota levitellään perustuksen alle.

Maapohja alkoi olla kunnossa ja oli viimeistään lyötävä lukkoon perustuksen valinta. Talomme perustus toteutettiin lämpömuottiperustuksena. Näitä kyseisiä lämpöperustuksia on valmistettu jo 80-luvulta saakka. Perustustyypin juju on se, että muoteilla saadaan tehtyä sekä antura että sokkeli samalla betonivalulla. Näin työvaiheita jää pois ja aikaa säästyy. Muotit valetaan yhdellä valukerralla. Raudoitukset ovat valmiiksi mukana muoteissa ja muotit jätetään itsessään paikoilleen perustuksen eristykseksi, vain sokkelin näkyvä osa leikataan pois.

Ennen valua on tehtävä läpiviennit muotteihin ja normaalisti kaikki muutkin maatäyttöjen alle jäävät työt. Salaoja- ja sadevesijärjestelmät, routaeristeiden asennus sekä maatäytöt on tehtävä ennen muottien asennusta ja anturan ja sokkelin valua. Tässä olikin meillä käsillä ensimmäinen kunnon aikatauluvirhe, sekä kiire ja stressin paikka, kun perustuksen tekoaika oli sovittuna ja tosiaan kaikki nämä vaiheet oli tehtävä ennen muotitusta.

Muotit oli tilattava viimeistään kolme viikkoa ennen

toivottua asennusajankohtaa, koska ne valmistetaan räätälöidysti perustussuunnitelman mukaisesti. Siksipä meillä tuli kiire valmistelevien töiden kanssa. Oli mahdollista tilata myös asennuspalvelu, ja me tartuimme tähän ja tilasimme muoteille asentajan. Myös sadevesikaivot valittiin tässä vaiheessa, ne kun ovat osa sadevesien viemäröintisuunnitelmaa.

Tontille alkoi saapua tilaamiamme putkitoimituksia ja eristepaketteja. Talon perustuksia tehdessä kaivetaan maahan jos jonkinmoista putkea ja kaikki johtavat talossa tekniseen tilaan. Käyttövesiputkia varten kaivettiin oja rengaskaivosta talolle päin ja imeytyskentän suuntaan lähteville putkille tehtiin myös omat kaivantonsa.

Suurin osa talon LVI-töistä ja suunnitelmista tehdään aivan alkuvaiheessa, juuri koska teknisen tilan läpiviennit sokkelin alta vedettiin ennen anturan ja sokkelin valua. Omakotitaloprojektille nimetään rakennusvalvonnan hyväksymä LVI-vastaava. Suunnitelmat käsittävät siis kaikessa yksinkertaisuudessaan suunnitelmat tulevan ja lähtevän veden reiteistä sekä talon lämmitykseen ja ilmastointiin liittyvät asiat. Muuta yksinkertaista tässä ei olekaan, vaan veden virtaamat, etäisyydet ja mitoitukset lasketaan tarkasti.

Routaeristeitä laitettiin talossa putkien päälle ja talon perustusten ympärille suojaamaan pakkasen puremilta. Eristäminen vähentää myös suoraan talon energiankulutusta.

Salaojaputkien tarkoitus on pitää talon ympäristö kuivana. Samoin kuin katolta tulevien sadevesien johtamiseen tarkoitettujen sadevesiputkistojen. Niinpä suunnittelupuolella pyörittelyssä oli suunnitelma salaoja- ja sadevesiputkien reiteistä sekä tarkistuskaivojen ja kokoojakaivojen sijainneista. Meillä laitettiin yksi yhteinen kokoojakaivo talon nurkalle, jonne sadevedet valuvat.

Tässä vaiheessa oli jo käytännönkin tasolla selvinnyt, että putkistojen verkosto on melkoinen omakotitalossa. Naurattaa, kun miettii minkälainen taistelu putkien laitto oli, ne osaavat olla näet aika vempuloita laitella, isot etenkin. Ne eivät oikein taipuneetkaan, joten paksuimpiin suojaputkiin piti askarrella taipuvasta putkesta taitoskohta. Yksi päivä meillä meni kokonaan näitä läpivientejä laittaessa. Toisaalta tuo päivä on jotenkin jäänyt mieleen erityisen kivana päivänä työmaalla, jolloin tehtiin vähän konstikasta asiaa silti kenenkään hermostumatta ja päivässä oli paljon naurua ja iloista mieltä.

Jätimme tekniseen tilaan muutamia varauksia esimerkiksi mahdollisen autotallin sähköjohdolle ja ulkovaloille. Sitten laitoimme talon sähköjen suojaputken sähkökaapin suuntaan, varauksen ulkorakennuksen lämpö- ja vesijohdoille, maalämpöputkia kaksi kappaletta, kaksi vesijohdon suojaputkea sekä sähköjohdon kaivolle vesipumppua varten. Maalämpöputki on meillä eristettyä ja valmiiksi suojaputkessa olevaa putkea. Putkivarauksille saimme käytännön vinkin, että jos laittaa maahan varauksia tulevaisuutta varten, kuten myöhemmin rakennettavaa autotallia tai muuta vastaavaa varten, voi kiinnittää putken päähän vaikka pätkän harjaterästä. Näin metallinpaljastimella on helpompi löytää putki kun sitä tarvitsee, eikä tarvitse arpoa mistä kohtaa kaivaa.

Salaojien tarkoitus on pitää talon ympärys kuivana. Salaojaputket voi asentaa itsekin, oleellinen juttu on laittaa kaadot oikein, jotta vesi valuu sinne minne pitää. Tämä tarkistetaan käytännössä laserin avulla mittaillen putkelle kaivettavan kuopan syvyyttä. Jos salaojaputket laittaa itse, työmaan LVI-vastaava tarkastaa, että kaadot ovat oikeassa kulmassa. Periaate on, että kauimpana on kaadon korkoa enemmän ja se pienenee lähentyessä tarkistuskaivoa. Liika kaatokaan ei ole esimerkiksi jätevesiputkissa hyvä juttu.

Sadevesijärjestelmä on vielä eri asia, joskin se on osa hulevesijärjestelmää kuten salaojien kautta kulkeva vesikin. Eli katolta veden pois johdattaviin ränneihin tulevat putket kuljettavat hulevedet sadevesijärjestelmään ja pois talon ympäriltä.

Tässä vaiheessa on jo hyvä olla yhteydessä asiantuntevaan suunnittelijaan, esimerkiksi sadevesirännejä ja syöksytorvia toimittavaan tahoon. Suunnitteluun vaikuttaa tulevan rakennuksen katon muoto, se kuinka sadevedet ohjataan ränneihin ja mistä kohdasta ne puretaan. Purkupaikkoja voi vähän valita sen mukaan, missä haluaa syöksytorvien olevan, mutta pitää myös huomioida, kuinka rännikaivoista jatkuvat putket saadaan tehtyä sopivalla kaadolla. Tässä vaiheessa lasketaan kuinka paljon vettä rännit ja syöksytorvet vetävät. Käytännössä sadan millimetrin halkaisijan syöksytorvet riittävät hyvin pitkälle omakotitalossa ja suurempi laskennan tarve on purkuputkien kaadoissa. Meillä laskettiin, että koko talon sadevedet voidaan purkaa yhden putken kautta, jos kaato on vähintään 11 millimetriä metrillä. Tämä muutos alkuperäiseen suunnitelmaan tuli pohdintaan putkia asentaessa ja samalla säästimme monta metriä putken asennusta. Ylimääräisistä putkista saatiin tehtyä mahdollisen autotallin hulevesien purkua varten varaukset siten, että purku tapahtuu samaan perusvesikaivoon.

Putkien asentaminen oli kaikkinensa isompi homma kuin alunperin kuvittelimme, etenkin kun sadepäivät viivästyttivät tekemistä. Sekä salaoja- että sadevesiputket laitoimme routaeristeiden alle. Salaojaputkien ympärille lapioimme 8/16 sepeliä. Luku tarkoittaa sepelin eli kalliomurskeen raekokoa. Sepeli on siis kalliomursketta, josta on seulottu hieno maa-aines pois. Putkien ympärille voisi laittaa vaihtoehtoisesti erityistä salaojahiekkaa, joka on pyöreäreunaista. Maa putkien ympärillä on joka tapauksessa oltava sellaista, joka ei tuki salaojaputkien rakoja, eli hieno aines on oltava murskeesta pois. Salaojaputkien päälle asetellaan vielä suikaleet suodatinkangasta estämään tukkeutumista. Sadevesiputket taas ovat umpinaisia, joten täyttöjä niiden ympärille voi tehdä hiekallakin. Tiivisteet on toki joka liitokseen laitettava ja liukasteaine on tarpeen putkia yhdistettäessä.

Sähkömiehemme kävi kieputtelemassa talon ympärille maadoituksen kuparköyden ja jatkopätkät siitä menisivät aikanaan katolle. Kupariköysi toimisi talon maadoituksena ja samalla ukkosenjohdattimena. Taloa kiertäessään ja katon nurkista alas laskiessaan se ikään kuin luo puskurin, johon salamaniskut pysähtyvät, eivätkä salamat tai pallosalamat voisi päätyä sisälle ja pistorasioihin saakka. Ilmiölle on nimikin, *Faradayn häkki.*

Talon pohjatöiden rinnalla oli samaan aikaan toinen tärkeä projekti meneillään, eli vesikaivon paikan etsintä. Vesisuoniahan etsiskellään niin pajunvitsojen kuin metalliesineiden avulla, kuten lapiolla tai sormuksella. Tässä kohtaa huomaa olevansa luonnon armoilla, kun vettä ihan oikeasti on etsittävä ja hyvän kaivon paikan löytyminen, jossa riittää hyvälaatuista vettä, on arvoitus.

Lisäjännitystä meidän tontilla aiheutti kallio, joka kiertää tonttiamme. Usein tosin vesisuonet kulkevat juuri kallion reunan alapuolelle, jonne vedet valuvat. Kallio kopsahtikin vastaan ensimmäisellä kaivuuyrityksellä jo parissa metrissä, joten etsintä jatkui.

Puustostakin voi yrittää päätellä, missä kohdalla vettä voisi olla. Tiheään koivikkoon todennäköisesti tulee paljon vettä. Jos kaivettaessa kuopan pohjalle alkaa ilmaantua vettä, on seuraava jännityksen aihe veden laatu. Veden laatua voidaan tutkia ja sitä on vanhastakin kaivossa hyvä välillä tutkia. Vanhan kansan konsti on keittää vettä ja katsoa jääkö kattilan reunoille ruostetta. Kaivovesihän on maaperän läpi suodattunutta sade- ja sulamisvedestä muodostunutta pohjavettä, jota ei sen kummemmin käsitellä ennen käyttöä.

Halusimme ehdottomasti rengaskaivon, koska sen vesi on pehmeämpää ja usein muutenkin parempaa kuin porakaivon vesi. Rengaskaivo tulee myös edullisemmaksi kuin porakaivon tekeminen.

Kaivon tekijämme laskivat ensimmäisen kaivonrenkaan alas tarkistaen vatupassilla, että rengas on vaaterissa. Ei nyt mitään Pisan tornia kaivoksi haluttu kuitenkaan! Sitten lisää renkaita kaivoon ja alimpien renkaiden ympärille teippasimme höyrynsulkumuovia. Tähän on muitakin vaihtoehtoja, mutta meitä varoiteltiin, että joistakin saattaa tulla makua veteen. Suojauksen tarkoitus on, että vesi nousee kaivoon vain pohjan kautta. Sitä mukaa kun renkaita laitetaan, täytetään kuoppaa kaivohiekalla.

Vesiputken kohdalta kaivettiin samaan syssyyn vesijohto-oja talolle päin. Toiseksi ylimpään renkaaseen, josta vesiputki lähtee, oli tehtävä reikä sähköjohtoa varten. Reunat putken ympäriltä tiivistettiin laastilla myöhemmin tiiviiksi. Vesipumppu tuli meillä kaivoon, koska paineella on helpompi työntää vesi taloon asti eikä putkea tarvitse ilmata.

Kaivon ympärille laitettiin puhdasta hiekkaa. Lopuksi maa kaivon ympärillä tasoitettiin ja muotoiltiin kumpareeksi, jotta pintavedet valuvat sen ympäriltä poispäin. Kaivonympärys on routaeristetty ja renkaita vasten pystyyn laitettiin vielä metrin verran eristesuikaleita.

Uuden uutukainen kaivo on aluksi tyhjennettävä muutamaan kertaan vedestä. Kaivon pohjalle laitetaan usein myös kalkkia, koska se muuttaa veden pH:ta sopivammaksi.

Vesiputken kelan avaus olikin sitten ihan oma projektinsa, kun putken pituus kaivolta kotiin oli reilut sata metriä. Vesijohto-ojaa täyttäessä on tärkeää katsoa, ettei isoja kiviä jää putken viereen. Ne voisivat routiessaan vahingoittaa putkea.

Siellä ne vesiputket pötköttelevät ojassa routaeristeiden alla. Putkien päälle laitoimme ojaan koko matkalle kaksi kerrosta routaeristettä. Putkia laitettiin kaksi rinnakkain joista toinen on varaputki. Vesipumpun sähköjä varten varatussa suojaputkessa oli valmiina vetonaru, jonka avulla sähköjohto vedettiin suojaputkeen. Kaivonrenkaaseen tuli suojaputkien läpiviennit ja paineputket ovat niiden sisässä lyhyen loppumatkan. Putken pään kohta on tiivistetty kumitiivisteellä, joka oli tosi näppärä asentaa.

SOKKELI ESITTÄYTYY

Varsinaisen perustuksen teko alkoi. Lämpöperustusmuotit oli tilattu ja tontille toimitettu ja saimme laitettua ne syksyn mittaan paikoilleen. Syksy oli todella sateinen mutta leuto. Itse muottien laitto kävi näppärästi ja nopeasti, kun meillä oli muottitoimittajalta asiansa osaava ja mukava asentaja. Muottiperustuksessa valu on ikään kuin loppusilaus perustukselle. Alkuperäinen suunniteltu valupäivä siirtyi parilla viikolla eteenpäin, jotta saimme kaiken tehtyä rauhassa valmiiksi, kun tässä tosiaan tuli ensimmäinen virhearvio ajankäytön suhteen. Syysrakentajan riesana on, että muutamana päivänä kastuimme perusteellisesti, kun satoi aamusta iltaan. Työtkään eivät oikein samaa tahtia sellaisina päivinä edenneet.

Muottiasentajamme toimesta muotit aseteltiin sepelin ja erityisten muovilautojen päälle, jotka jätettiin perustuksen alle. Muotit katsottiin laserilla vaateriin siten, että muovilaudat laitettiin ensin oikeaan korkoon, jolloin itse muottikin asettui nätisti oikeaan korkoon. Muotteja vielä lopuksi vähän siirreltiin ihan potkimalla, jotta saimme ristimitat kohdilleen. Seinälinjat merkittiin linjalangoilla muotin yläpään tuentaan käytettäviin puihin, jolloin seinän suoruutta pystyi tarkkailemaan ja tarvittaessa korjaamaan. Hirsitalossahan on erityisen tärkeää, että perustus on tarkasti oikean kokoinen. Meille sanottiin, että näillä muoteilla voisi toteuttaa myös pyöreitä seiniä. Kuten vaikka Muumitalon!

Muoteissa oli raudoitukset mukana ja ulkopuolella oleva viiva on valun jälkeen muotin leikkaamiselle apuviiva. Kaikki muut muotin eristeet jäävät siis lämmittämään perustusta eikä niitä tarvitse erikseen laittaa. Ne ovat tiiviisti kiinni valmiissa betonissa ja todella näppärä systeemi tämä ainakin meidän mielestä oli. Hintaeroakaan ei juuri tullut tälle perustamistavalle, kun tavallisesti tehtävät työvaiheet laudoitusten rakenteluineen, raudoitusten virittelyineen ja eristämisineen jäivät pois. Raudoituksien jatkokset kulmissa taivutettiin putken pätkällä ja sidottiin lopuksi sidontalangalla ja tarvittaessa voitiin lisävahvikkeeksi pätkiä harjateräksestä lisää raudoitusta.

Meidän muoteissa leikkausviiva oli 55 sentin kohdalla muotin yläpinnasta, jolloin näkyvälle sokkelille jäi meidän asuinkunnan rakennusvalvonnan vaatima minimi 40 senttiä leikattaessa vähän viivan yläreunasta. Vielä ennen valua muotteja tuettiin murskeella korkeammalle, jotta betonin aiheuttama paine ei puskisi muottia ulospäin. Terassin pilarit toteutimme saman valmistajan pilarimuoteilla, joissa myöskin muotti jäi eristeeksi maahan ja pilarit valettiin samalla kertaa perustuksen kanssa. Näihinkin muotteihin kuuluu valmis raudoitus ja näitäkin muotteja oli helppo muokata. Yhdessä kohtaa jouduttiin muotin anturaa katkaisemaan kapeammaksi, jotta salaojaputket mahtuivat kulkemaan muottien välistä.

Juuri ennen valua lisäsimme varmuudeksi vielä muutamat raudat talon sokkelin ja kuistin laatan rajaan. Kuistin lattia toteutettiin reunavahvistettuna laattana ja se valettiin samalla kertaa muun perustuksen kanssa. Tilasta oli tarkoitus tulla mahdollisesti myöhemmin puolilämmin "kesähuone", jonne vietäisiin paprikantaimet keväällä ikkunalle ja tunnelmoitaisiin syyssateita. Eli jolla jatkettaisiin kesää kummastakin suunnasta. Tällaista tuskin kuitenkaan loppujen lopuksi on tulossa, koko asia on oikeastaan jo unohdettu.

Lopulta kaikki muotit olivat paikoillaan säädettyinä ja tuettuina ulkoa ja sisältä käsin ja valua vaille valmiina. Tuenta tehtiin vuoron perään molemmin puolin sokkelia, jotta muotit eivät liikahtaisi paikoiltaan. Linjalangoilla tarkistettiin lopun viimein asetelman suoruus.

Sisätäyttö oli myöskin jo tehtynä tässä kohtaa. Viimeinen seinä muotitettiin käytännön syistä vasta kun sepeli oli kuorma-autolla ajettu ja kipattu sisään asti suodatinkankaan päälle. Näin sepeliä ei tarvinnut siirrellä erikseen ja koneilla pääsi levittämään sen helposti. Lapiohommia silti riitti, aivan muottien vierellä tuenta tehtiin ihan lapiolla, etteivät koneet kolhisi muotteja.

Odotettu valupäivä koitti ja betoniautot vierailivat ensimmäistä kertaa tontilla. Kivijalalla on symbolista arvoa rakentamisessa. Kun betoniautot saapuivat, tuntui että työmaa oli edistynyt paljonkin. Ja toisaalta, että nyt ei ainakaan enää kannata perua koko rakentamiseen ryhtymistä.

Betoni tuotiin kahdella autolla, pumppuautoon siirrettiin täydennyslasti toisella kuormalla. Koko valutoimitus kesti vajaat pari tuntia. Ensimmäiseksi betoni valettiin anturatasoon ja toinen kierros heti perään sokkeliksi. Lopuksi valettiin maanvaraisen kuistin lattia ja terassin tolpat.

Betoni laskettiin siis muottiin ja vibrattiin heti perään. Tuli mieleen, että eihän homma juuri leipomisesta eroa, taikina vain on erilaista. Samalla tavalla vatkataan ja lopuksi muotista otetaan ulkoreuna pois katsoen lopputulosta. Muotit tulee täyttää riittävän notkealla massalla. Pieni vaara on, että vibratessa betoniin jää ilmakuplia. Tällöin sokkeliin jäisi harmillisia reikiä näkyviin. Saamassamme betonissa oli kunnolla sementtiä, joten perustukset tulevalle asumiselle olivat tukevaa sorttia. Betonille laskettiin sadan vuoden käyttöikä ja lujuudeksi tuli tällöin K37. Lujuusarvo kertoo kuinka monta kiloa yksi senttineliömetri kestää painoa.

Sitten oli otettava muurarinlusikka käteen ja tasoiteltava sokkelin pinnat ja liipattava kuistin laatta. Kuistin laattaan piti tehdä pieni kaato poispäin seinästä. Sokkelin ja laatan yhtymäkohtaan muotoilimme pienen portaan, jotta hirren ulkoreuna ei lepäisi laatan päällä.

Valamisesta selvisimme kuivin nahoin, mutta sitten vesipisarat putoilivat ja alkoi sade. Suojasimme ensihätään sokkelin pinnat eristelevyillä, näin ei jäänyt pisaranjälkiä eikä lehtiä leijunut kiinni märkään betoniin. Levyt nostelimme pois seuraavana päivänä. Kuistinkin lattian suojasimme levyillä ja muovilla, mutta silti siihen ehti tulemaan pisaranjälkiä. Tämä ei meidän tapauksessa kuitenkaan haitannut, koska pinnoittaisimme lattian terassilaudoilla. Valupintaa voi kyllä jälkeenpäinkin hioa, jos siihen on jäänyt korjaamista.

Kivijalka oli siis valettu ja valmis. Siellä sitä oli teräsbetonia maassa 14,6 kuutiota. Aika tarkkaan käytettynä koko tilattu määrä, yli jäi oikeastaan vain mitä pumpun putkiin ja pumppuauton perään jäi. Jämäbetonista muotoilimme lopuksi rappukiven vuosiluvulla sekä neljä pientä ankkuria soutuveneisiin.

Betonivalu pitää aina jälkihoitaa. Käytännössä hoito tarkoittaa tarkkailua ja kastelemista, jotta halkeamia ei pääse tulemaan. Meillä seuraavien päivien kastelu hoituikin luontoäidin toimesta itsekseen. Pari päivää suojasimme kuistin lattiaa liialta sateen piiskaamiselta. Muutama päivä valun kuivumisen jälkeen leikkasimme muotin näkyvän osan pois ja valmis sokkelipinta paljastui päivän valolle. Tukipuut poistettiin ensin sokkelin päältä ja sitten leikattiin sähkösahalla. Ennen tätä piti vielä lapioida sepelituentaa sivuun.

Tällöin silmiä hiveli sileä betonipinta. Pois leikattavat palatkaan eivät menisi hukkaan, vaan jäljelle jäi hyvää eristettä vesijohto-ojaan laitettavaksi. Tässä perustamistyylissä ei siis jää tavallisen sokkelin valamisesta seuraavaa betonin sekaista lautakasaa. Olemme edelleen tosi tyytyväisiä siihen, että valitsimme juuri tämän perustamistavan.

Perustuksen valmistuttua kaivoimme esille rakennuspiirustukset ja sokkeleita asentaessa ahkerassa käytössä olleen mittakelan taas esiin. Oli syytä nimittäin tarkistaa niinkin oleellinen asia, että onko perustus oikean kokoinen ja korko oikein. Perustuksen koolle ei toki enää mitään voisi, mutta korkoa ehtisi vielä ennen hirsien tuloa tuunata, jos se sattuisi heittämään jostakin kohtaa. Rakennuksen *korko* tarkoittaa siis kiintopistettä rakennukseen liittyville mittauksille. Korkopisteen määrittelee vastaava mestari yhdessä rakennusvalvonnan kanssa ja korko tarkistetaan aloituspalaverissa tonttikäynnillä.

Perustuksen ristimitat osoittautuivat muuten tarkoiksi, mutta erkkerin kohdalle oli pujahtanut kuuden millimetrin heitto. Tuon mittakaavan heitto ei maata eikä taloa kuitenkaan kaada. Muottiasentajan mukaan alle kymmenen millimetrin tarkkuus on jo hyvä ristimitoissa. Saimme vastaavalta mestariltamme vinkin, että asennusvaiheessa mittauksissa on parasta käyttää teräsmittaa. Näin siksi, että muovimitoilla on taipumus venyä, jolloin mittaus ei enää ole tarkka. Teräsmitoissa taas vaikuttaa jonkin verran lämpötila, missä niitä käytetään, mutta ongelma tulee vastaan lähinnä äärilämpötiloissa. Mitoissa yleensä vähän pienempi on parempi kuin liian iso. Sokkelin mitat ovat joka tapauksessa hirsien ulkomittoja pienemmät, noin 40 - 60 millimetriä päästä päähän. Hirren reuna nimittäin tulee sokkelin yli ja pieni heitto alle ei tällöin haittaa. Jos mittauksissa esiintyy jotakin mittaongelmia, niitä voi korjata muuttamalla hirsien mittoja perustuksiin sopiviksi. Olettaen tietenkin, ettei hirsiä ole vielä tehtaalla valmistettu.

Seuraava ohjelmanumero oli siistiä ja vähän hioa sokkelin reunoja sekä taas kerran lapioida sepeliä, nyt tuennasta pois. Samalla laitoimme jo suikaleet suodatinkangasta sokkelin vierelle, sepelin alle. Nyt betoni saisi rauhassa kuivua ja odotella helmikuussa saapuvia hirsiä.

Työmaalla urakka jatkui syksyn ajan pihan tasailulla, kaivohommilla, sisätäytön tasoittamisella ja eristyslevyjen laitolla. Näitä hommia sai tehdä rauhassa, kun ei ollut ennen hirsitoimitusta mitään lukkoon lyötyä aikataulua. Pohjan teon eli maatyövaiheen, jonka tuloksena on kivijalka ja putkitukset tehtyinä, osalta aloitimme työt elokuun alussa ja lokakuun loppupuolella oli lähestulkoon valmista. Muistan hyvin, kun ihan ensimmäinen rekkakuormallinen putkikuljetuksia saapui tontille ja mietimme mihin ihmeeseen nämä kaikki saadaan mahtumaan. Sinne ne vaan maahan upposivat syksyn mittaan kaikki. Työtä oli yllätys yllätys ollut enemmän kuin kuvittelimme. Hyvä toki olikin tottua siihen, että aikaa rakentamisessa kannattaa varata tarpeeksi eri työvaiheisiin.

OMAA UURASTUSTA JA TYÖNANTAJANA RAKSALLA

Itse tekeminen raksalla edellytti tietenkin asioista tarkkaan selville ottamista. Vaikka teimmekin itse, meillä oli hankkeessa mukana kattaus alansa mestareita, joilta pystyimme kysymään neuvoja ja jotka tekivät kriittisiä työvaiheita. Hirsikehikon pystytys on tällainen työvaihe, jotta kehikosta saadaan varmasti tiivis. Mökin tai pienemmän kehikon pystytyksessä olisimme voineet pärjätä itsekin, mutta meille oli selvää, että palkkaamme talolle pystyttäjät. Katonkin teossa toimimme enimmäkseen vain hanslankareina. Talomallimme katossa on useampia jiirejä, joten niiden tekemiseen tarvittaisiin taitoa. Kuistin katto tosin jäi lopulta miehelleni loppuun tehtäväksi.

Rakettitiedettähän rakentaminen ei välttämättä ole, mutta huolellisuutta ja tietoa vaativaa kylläkin. Ja tieto on sellaista, joka päivittyy jatkuvasti. Voi siis olla, että tässä kirjassakin kerrottu tieto on jo muuttunut meidän rakennusprojektin jälkeen.

Mietitään vaikka 70-luvun rakentamista, jolloin mutkia oiottiin monessa asiassa nykykäsityksen mukaan melkoisesti. Eipä vuoden 90-luvun rivitalokodissammekaan ollut sadevesijärjestelmää ollenkaan, vaan se lisättiin myöhemmin kaivamalla talkoilla maahan jokunen vuosi ennen poismuuttoamme. Tuon operaation jälkeen joka syksy talon pihamaalle nousseet jännät sienet katosivat saman tien, eli putkituksilla oli selvästi vaikutusta kosteuden hallinnassa rakennuksen ympärillä.

Tien pohja tontille ja pihaan alkoi syksyn sateissa mennä kovin veteläksi, joten tilasimme siihen kovikkeeksi kuorman sepeliä. Sen avulla tie jämäköityi tukevaksi ja kestäisi taas isojen koneiden ajoa.

Laitoimme perustuksen talvehtimaan niin, että sisätäytön päälle levitettiin eristelevypaketteja ja pressuja. Sisävalu ja lattialämmityksen asentaminen oli aikataulutettu kevättalvelle, sitten kun hirsikehikko olisi tukevasti pystyssä.

Rakentamisen ehdottomasti mukavimpia puolia oli, että sen myötä jo tässä vaiheessa oli saanut tutustunut mukaviin ihmisiin. Töiden ohessa raksalla oli käyty syvällisiä keskusteluja ja toisaalta tilannehuumoriakin rakentamisesta löytyy, kun kaatosateessa yritetään väsätä jotakin.

Seuraavaksi aloitimme toden teolla hirsipystytysurakoinnin kilpailutuksen ja kattovalmistajan valinnan puntaroinnin. Lisäksi otimme taas käteen pohjapiirustuksen ja ryhdyimme miettimään elämää talossa. Arjen asumisen tarpeita oli pohdittava sähkösuunnitelman näkökulmasta, jotta pistorasiat ja valaistukset asettuisivat oikeisiin paikkoihin. Myös pihan suunnittelu kulki rinnalla mielessä ja luonnostelimme sitä jo paperille asti. Keittiösuunnitelmat oli myös tarkoitus lyödä piakkoin lukkoon.

Kun pystytysporukka oli tiedossa ja pystytysajankohta sovittu, aloimme varata rakennustelineitä ja hankkia muita tykötarpeita valmiiksi. Pystytykseen oli pari kuukautta aikaa. Rakennuttaja on vastuussa työväkensä turvallisuudesta, joten rakennustelineet ja muut asianmukaiset turvavälineet on rakennuttajana huolehdittava työmaalle. Katto ja sisäkatto oli suunniteltu tehtäväksi samaan syssyyn sitten, että saisimme huushollin säältä suojaan. Lattian valaminen ja lattialämmityksen asentaminen tehtäisiin vasta kun kehikko olisi jo pystyssä. Harmitti hieman, kun emme ehtineet laittaa pohjan eristyksiä ja sisäputkituksia ennen pystytystä. Olisi ollut hyvä, kun ne olisivat olleet valmiina. Toisaalta tämä osoittautui oikeaksi järjestykseksi, sillä kantavien sisäpilarien paikat oli helpompi katsoa kohdilleen ennen näitä työvaiheita.

Koska palkkaisimme pian ensimmäiset työntekijämme, oli aika perehtyä palkkaamiseen ja työnantajana toimimiseen. Rakennusmiehet olivat meille työsuhteessa. Helpoimpia ovat rakentajan kannalta ammattilaiset, jotka laskuttavat oman yrityksen tai laskutuspalvelun kautta ja tulevat työmaalle omine työkaluineen. Rakennuttajan hommaksi jää maksaa lasku ja kaikki kulut sisältyvät laskuun, myös mahdolliset vakuutukset, matkakorvaukset ja työkalujen käyttö. Tällöin laskutus menee yleensä tuntihinnalla. Myös urakkapalkkasopimuksia voidaan tehdä. Urakassa on hyvää tietenkin se, että työlle tiedetään lopullinen hintalappu, joskin urakkatöissä on omat ongelmansa. Urakkapalkka sopiikin yleensä lyhyihin töihin tai selkeisiin kokonaisuuksiin, joissa esimerkiksi ostetaan jokin tuote samalla.

Jos työväkeä tarvitsee isomman ja pitempikestoisen työvaiheen tekemiseen, jonka kestoa on hankalampi arvioida, tulee yksityiselle rakentajalle edullisemmaksi palkata heidät työntekijöiksi. Onneksi tämä on tehty melko helpoksi ja se onnistuu erilaisten palkkaussivustojen kautta. Palveluun kirjaudutaan ja syötetään työntekijöiden tiedot. Palkkalaskelmien teko ja tulostus tapahtuvat palvelun kautta. Itse on ensin tehtävä työntekijöiden kanssa työsopimukset ja muistettava hankkia heille työeläkevakuutus sekä työtapaturma- ja ammattitautivakuutukset.

Palkkaussivusto toimittaa tiedot edelleen verohallintoon, työeläkeyhtiöön ja työttömyysvakuutusrahastoon. Sivusto ei suorita maksuja, mutta tekee laskelmat ja antaa maksutiedot, joilla palkat maksetaan itse suoraan työntekijälle ja muut sivukulut muun muassa verottajalle. Työsopimuspohjan tulostimme Rakennusliiton sivuilta. Rakennusalalla palkan maksu on kahden viikon välein, joka on hyvä huomioida budjettia laskiessa.

Toinen vastaavanlainen palkkauspalvelu hoitaa myös maksut eri tahoille yhdellä maksutoimenpiteellä, mutta ottaa siitä pienen korvauksen. Loppujen lopuksi palkanlaskenta on kaikkein työläin vaihe, joka on samankaltainen palvelusta riippumatta. Niinpä jos jaksaa itse maksaa pari tilisiirtoa enemmän, pystyy säästämään muutaman kympin kuussa työntekijää kohti. Työsuhteen päättyessä kirjoitetaan tarvittaessa työtodistus ja palautetaan verokortti työntekijälle.

Rakennusalalla timpureiden palkka koostuu sovitusta tuntihinnasta, jos on tuntityöläinen, työkalulisästä ja matkakulukorvauksesta. Työkalulisä ja matkakulukorvaus maksetaan Rakennusliiton taulukoiden mukaan. Tuntihinnan päälle laskettiin vuonna 2018 lomakorvaus 18,5 % tuntipalkasta ja erillinen palkanosa 7,7 %. Palkanosa on eräänlainen korvaus yli 7,5 tuntisista päivistä ja lomakorvaus on lomaraha sekä palkanosa lomapäivistä rakennusalalla. Eli todellinen maksettava bruttotuntipalkka oli 26,2 % korkeampi.

Palkkaussivusto laskee eri maksut ja osuudet palkasta ja antaa lopulta todellisen työntekijälle maksettavan palkan. Käytännössä työnantajalle maksettavaa tulee sovitun tuntipalkan päälle noin 66 % lisää. Jos työntekijä olisi yrittäjänä samalla tuntihinnalla, päälle tulisi vielä 24 % arvonlisävero ja mahdolliset katteet. Eli käytännössä palkkaamalla työntekijät säästyy arvonlisäveron maksun verran.

Ennen kehikon pystytystä meidän piti tehdä tontilla likakaivon putkia varten kallion räjäytys, jonka tarve oli töiden edetessä ilmennyt kauhan kopsahtaessa kallioon. Tilasimme tässä tapauksessa toteutettavaksi sopivan kanaalilouhinnaksi kutsutun työn, joka tapahtui poraten kallioon noin metri kertaa metrin kokoiseen ruudukkoon 1,4 metrin syvyisiä reikiä. Niihin mahtuivat dynamiittipötköt, jotka yhdistettiin sähkönalleilla yhteen. Ja nalli sytytti dynamiitin, kyse ei siis ollut mistään sarjakuvista tutuista säkenöivistä sytytyslangoista.

Räjäytys on aina luvanvaraista ja panostaja hakee poliisilta luvan räjäytystyöhön. Kallioon reiät voidaan porata käsin, mutta nykyään työn hoitaa nopeammin ja mukavammin poravaunu. Se on langattomasti kauko-ohjattava kone, jossa on iso kivipora varressaan. Poraaja sanoi, että kallio oli tontillamme aika kovaa, mutta silti pora näytti uppoavan vauhdilla. Yhdessä 1,4 metrin reiässä meni kolmisen minuuttia aikaa. Poravaunussa on myös imuri, joka tekee hommasta siistiä, kun pöly ei leviä ympäriinsä. Tällä kertaa parin reiän jälkeen koneesta joku imurin läppä meni pakkasessa epäkuntoon ja loput reiät porattiin ilman imuria. Reikiä porattiin parikymmentä, kahdessa erässä. Välissä peiteltiin panostetut reiät ja räjäytettiin.

Onneksi leutoja säitä oli riittänyt pitkälle syksyyn ja alkutalveen asti ja tontin tasoituksia oli pystytty tekemään. Ehdimme viritellä suodatinkankaan lähes koko terassialueelle, pikku pätkä vain jäi laittamatta. Toivoimme, että saisimme tehtyä talon ympäryksien tasoitukset loppuun vielä jonakin suojasäärupeamana, jotta keväälle jäisi vähemmän hommaa. Eipä ihan ehditty kuitenkaan, vaan talvi ja leijailevat lumihiutaleet laskeutuivat niin pressuilla suojatulle perustukselle kuin tontin nurkassa nököttävien eristepakettienkin päälle.

Talviraksan tehtäviä perustuksen valmistumisen jälkeen olivat olleet pihan tasoituksien teko loppuun, sisätäytön tasaus ja putkitukset sekä eristelevyjen laitot, likavesiputkiojien teko, sähköliittymän kytkeminen tontille sekä maalämpökaivon poraus. Kun tontille saatiin sähkökaapeli ja sähkökaapista virtaa, loppui aggregaatin raahaus. Suunnittelurintamalla mietintämyssyn alla oli edelleen sähkösuunnitelmien teko.

Olimme päättäneet taloon tulevan kattomateriaalin. Päädyimme lukkosaumapeltikattoon, joka ihastutti meidät klassisella ilmeellään ja teknisillä ominaisuuksillaan. Peltien alle laitettaisiin vaimennusnauhat, jotka hiljentävät katolta kuuluvia ääniä, eli sateen ropinaa tai tuulen ulinaa. Reunapelteihin taas tulisi kattovalmistajamme kehittämät sivukiinnikkeet, jotka poistavat lämpötilavaihteluista johtuvia naksahteluääniä, sillä näiden sivukiinnikkeiden ansioista myös reunapellit pääsevät elämään vapaasti. Yleensähän reunapellit on kiinnitetty läpi ruuvaamalla koko matkalta, joten ne alkavat jossakin vaiheessa aaltoilemaan. Taloomme tulisi kyllä yläpohjan eristettäkin reilusti osaltaan vaimentamaan samalla jonkun verran katon ääniä. Hiljainen katto ei ollut meille mikään välttämättömyys muutenkaan, huopakatto olisi hipihiljaista kattoa tavoiteltaessa ollut paras vaihtoehto.

Arvoimme katon ja talon väriä kuumeisesti pari kuukautta. Valinnat alkoivat vahvistua ja katon väriksi valitsimme tumman harmaan. Katon pinnoite oli uusi ja ympäristöystävällinen, juuri kattovalmistajaltamme markkinoille tullut rypsiöljyyn pohjautuva pinnoite. Jännäsimme, olisiko helmikuuhun mennessä tumman harmaana peltinä saatavilla valitsemaamme kattomateriaalia jo uudella pinnoitteella. Ja olihan sitä.

Tilasimme samalla kattoturvatuotteet, lumiesteet ja kattosillat. Kun toimitimme rakennuspiirustukset kattovalmistajallemme, saimme menekistä tarkat laskelmat. Lukkosaumapellit tulevat yhtenäisinä harjalta räystään reunalle. Pellin päädyssä on taitos, jolloin sitä ei tarvitse ruuvata kiinni. Tehtaalla tehdään pellit katon mittojen mukaan, jiirit leikataan työmaalla. Peltien pituudet siis vaihtelevat jiirien mukaan.

Katon tilausvaiheeseen liittyy myös sadevesikaivojen asetteluun vaikuttavien vesikuormien laskenta ja tämä laskelma tehdään katon lappeiden pinta-alojen mukaan. Laskelman mukaan mitoitetaan rännien koko, syöksytorvien halkaisijat ja maan alle jäävät sadevesiputkistot.

Meillä tulikin pieni muutos niiden kulkuun, kun yksi sadevesikaivo jätettiin pois terassin edestä. Rännien ja yhden sadan millimetrin syöksyputken vetoisuus riitti, joten muutos ei haitannut. Käytännössä pientaloissa ongelmaa ei juuri ole, kun valitaan sadan millimetrin syöksyputket ja perusrännit. Jos sataa kaatamalla, ylimääräinen vesi joka tapauksessa menee rännin ohi. Meidän tapauksessa tuon erillisen terassikaton vuoksi yhdelle rännille ja syöksytorvelle tulee enemmän kuormaa, mutta mitoitus riittää silti hyvin ainakin laskennallisesti. Mitään vedenpaisumusta ei ole näkynyt, joten mitoitus on hyvin riittänyt käytännössäkin.

Alkuperäisissä rakennuspiirustuksissamme katolle menevät tikkaat oli piirretty siihen talon päätyyn, joka jää meillä näkyvämmälle osalle pihaa. Rännien toimittajamme ehdotti fiksua ratkaisua siirtää tikkaat toiseen päätyyn, jolloin ne eivät näy julkisivun puolelle ja jatkuvat lisäksi kaksiosaisina siten, että samaa reittiä pääsee kätevästi terassinkin katolle. Tämä oli todella hyvä muutos ja taas huomattiin, miten ammattilainen osaa ehdottaa toimivia ratkaisuja. Juuri nämä viilaukset, joita ammattilaiset tekivät taloon, ovat olleet merkityksellisiä. Suunnittelupalaverissa saimme muitakin käytännön vinkkejä ränneihin ja niiden huoltoon. Tavaran valmistaja ja toimittaja osaa kertoa juuri omaan tuotteeseen liittyvät ideat suunnittelun avuksi ja antaa tuotteelle hoito-ohjeet. Meille opastettiin rännien osalta, että ne on kerran tai pari vuoteen hyvä puhdistaa lehdistä ja roskista, ihan suihkuttamalla vettä puutarhaletkulla.

Ennen joulua pääsimme vielä viemäriputkitusten kimppuun, kun kanaalilouhinta oli saatu tehtyä. Leuto talvi suosi meitä ja maatyöt onnistuivat ihmeen hyvin joulukuussakin. Maa oli ihan sulaa, joten sitä pystyi lapioimaan vielä joulukuussa.

Ensin kaivoimme putkien läpiviennit esille, tasoitimme pohjan tuttuun tapaan ja laseroimme sen niin, että laskua tuli tasaisesti kaksi senttiä metrille. Kaadon määrä on määritelty vessan viemäröinnille Suomen rakentamismääräyskokoelmassa, jos vessanpöntön huuhteluvesimäärä on alle kuusi litraa, minimissään neljä litraa. Monet uudet vessanpöntöt ovat vettä säästäviä kahden ja neljän litran huuhtelulla. Kunnalliseen jätevesijärjestelmään liittyessä riittää yksi viemäriputki, mutta haja-asutusalueella on suositeltavaa tehdä kaksoisviemäröinti koko matkalle. Tällöin voidaan WC-vedet tarvittaessa johtaa erikseen umpisäiliöön.

Seuraavaksi laitoimme putket, päälle hiekkaa ja kaksi kerrosta routaeristeitä. Putket voivat olla ihan vierekkäin, ne ovat noin 15 sentin etäisyydellä toisistaan. Harmaalle vedelle ja WC-vesille on omat putkensa. Putkiin ei meidän tapauksessa tarvittu ylimääräisiä tarkistusputkia enää talon nurkalla olevien lisäksi, koska välimatka jäi alle 40 metrin, vaikka kallion takia alkuperäisistä suunnitelmista jouduimmekin hieman poikkeamaan. Laitoimme kuitenkin tarkistuskaivot vastaavan mestarimme vinkistä 20 metrin välillekin huuhtelua varten. Näin siksi, että olisi helpompi tarvittaessa itse huuhdella omilla pesuletkuilla putkistoa tarkistuskaivosta. Määräysten mukaiset tarkistusputket vaativat asennuskohdalla vähän suuremman etäisyyden toisistaan, joka on noin 40 senttiä jo asennusteknisistä syistä. Tontilta löytyi riittävän syvä paikka saostuskaivoille ja niiden laitolla jatketaan keväällä. Kesken siis jäi, mutta pääsimme hyvään vauhtiin.

VUOSI 2018 ~ KEHIKKOA KEHIIN

Vuonna 2018 saimme talon kehykset ja suuret linjat valmiiksi. Tämä oli kaikkein tiivistahtisin ja kiireisin rakennusvuosi, johon sisältyi paljon aikatauluttamista.

MAINIO MAALÄMPÖ

Meille oli alusta asti selvää, että taloon tulee lämmitysmuodoksi kallioon porattava maalämpö. Ennen kehikon pystytystä kerkesimme kilpailuttaa ja tilata maalämpökaivon porauksen. Halusimme huolettoman lämmityksen, joka on lisäksi edullinen, turvallinen ja ekologinen. Maalämpö olikin jo yleisin lämmitysmuoto, mitä uusiin taloihin ja myös vanhoihin koteihin remonttien yhteydessä laitettiin.

Kallioperä siis varaa lämpöä, jonka lämpötila on tasaisesti ympäri vuoden 7 - 8 astetta. Energiaa saadaan pumpattua kalliolämpökaivosta nelinkertaisesti pumpun kuluttamaan virtaan nähden, siksi maalämpö on niin edullista käyttää. Maalämpöä voidaan kerätä talteen myös maan alle vaakaan kaivettavalla putkistolla, mutta putkisto vaatii paljon tilaa ja sen laittaminen on työläämpää. Kallioon porattu lämpökaivo tarvitsee vain vähän tilaa ja poravaunu kulki ketterästi meidänkin tontilla. Poravaunu matkusti toisen rekan kyydissä ja kompressori toisessa rekassa.

Kaivon porausoperaatio kesti poran alkulämmittelyineen ja loppuhuoltoineen kahdeksan tuntia. Meille poratun lämpökaivon syvyys on 200 metriä. Kaivon syvyys on mitoitettu 143 neliöisen talon ja noin 50 lisäneliön lämmittämiseen. Myöhemmin rakennettavalle autotallille tai lämpimälle varastolle riittää vielä lämpöä tästä kaivosta. On tärkeää mitoittaa kaivon syvyys oikein lämmitystarpeisiin nähden ja porata kerralla tarpeeksi syvä kaivo, jotta lämpöä riittää kovilla kolmenkymmenen asteen pakkasillakin eikä kaivo pääse jäähtymään saati jäätymään.

Porauksessa maaporaus on kallein ja aikaa vievin vaihe, tuolloin pora asentaa samalla suojateräsputkea maahan. Meidän tontilla kallio oli alle kolmen metrin syvyydessä, joten varsinaiseen kallioporausvaiheeseen päästiin käsiksi nopeasti ja yksi suojaputki riitti. Porausvaihe meni sujuvasti ja 115 millimetrin pora näytti uppoavan kallioon kuin voihin. Porausjäte on kivituhkaa, joka on varsin hyödyllistä ainetta. Sitä voi käyttää vaikka puutarhassa tai kukkapenkissä maanparannusaineena. Tästä innostuin, että sitähän voisi laittaa vuorimäntyistutuksille ja vaikka mille. Lopulta suunnitelmat jäivät idean asteelle ja toteutus muiden kiireiden varjoon.

Poratessa vettä ei koko matkalta löytynyt, mutta oli kuulemma pari pehmeämpää kohtaa. Porauksen jälkeen saimme yksinkertaisen ohjeen vedenpinnan seuraamiseen kaivossa: pudotetaan pieni kivi ja otetaan aikaa kunnes kuuluu molskahdus. Tuosta voi laskea, missä vedenpinta on. Ohjeena alle neljä sekuntia on riittävä ja sitä se oli jo porauksen jälkeen. Seuraavana päivänä aika oli kaksi ja puoli sekuntia, mikä tarkoittaa noin 30 metrin matkaa ja 170 metrin aktiivisyvyyttä eli veden määrää. Lämpökaivoon kuulemma voi vain lisätä vettä tarvittaessa, kyse kun ei ole käyttövesikaivosta. Nykytietämyksen mukaan maalämpökaivossa pienempi reiän halkaisija on parempi. Tällöin lämpö siirtyy tehokkaammin kalliosta keruuputkistoon, kun välissä on vähemmän vettä.

Porauksesta jäi näkyviin vain maasta kurkisteleva putken pää. Maalämpökaivon porausta seuraava vaihe on keruuputkiston asennus, jotta lämpö saadaan kaivosta talteen. Ennen kyseisten keruuputkien asentamista kaivoon putki täytettiin ekologisella ja myrkyttömällä etanolinesteellä, joka toimii lämmönsiirtäjänä kaivosta putkistoon ja sen tehtävä on myös estää veden jäätyminen putkissa. Tässä vaiheessa kaivon ympärys kaivettiin auki ja ylimääräinen suojateräsputki leikattiin pois.

Meillä ei teknistä tilaa vielä ollut maalämpökaivon porauksen aikaan, joten asennukset sisällä tulivat tehtäviksi vasta seuraavan kesän mittaan. Syksyllä teknisen tilan läpivienneistä valmiiksi laitetut eristetyt maalämmön siirtoputket pääsimme kyllä nyt jo liittämään valmiiksi kaivoon. Maalämmön siirtoputket liitetään kaivoon, laitetaan väliin tiivisteet ja kiinnitetään liitokset muovihitsauksella, viralliselta nimeltään sähkömuhvihitsauksella. Liitoksen teon aikana oli vielä ihmeen lämmin sää, pakkasten aikana suojasimme liitoskohdan jäätymiseltä eristelevyin ja pressuin. Keruuputkien asennus ja liittäminen sujui kaikkinensa hyvin ja muutamassa tunnissa tuli valmista.

Lämpökaivo jätetään usein vain maan alle sellaisenaan ja peitellään. Me teimme kuitenkin tarkistuskaivon mahdollista huoltoa varten, kun olimme alunperin varautuneet sellaisen tekemiseen. Ilmeisesti tästä tarkistuskaivojen teosta on kuitenkin nykyään luovuttu. Liitos jää noin kahden metrin syvyyteen, kun kaikki täytöt on tehty. Tarkastuskaivon pois jättäminen onkin varmasti hyvä vaihtoehto jos liitoksen syvyys on reilusti alle yhden metrin, jolloin EPS-eristeet päällä riittävät sen suojaksi.

Maalämpö on sähkön hintojen heilahdellessa ollut luotettava lämmitysjärjestelmä ja maalämpöpumppumme tarjoaa yhden lisätyökalun sähkön säästöön. Maalämpöpumpun *Smart Price Adaption* -ominaisuus kerää etänä sähköpörssistä seuraavan päivän sähkön tuntihinnat ja painottaa pumpun lämmöntuottamisen niihin vuorokaudenaikoihin, jolloin sähkön hinta on edullisinta. Valikosta voi itse säätää, kuinka paljon lämmitysenergian tuotossa haluaa painottaa näitä sähkön alhaisimman hinnan ajankohtia. Edullisemman yösähkön aikaan voi säätää lämmitystä joitain asteita korkeammaksi, joka siten tasoittaa päivän pienempää lämmitystehoa. Kokeilemalla eri variaatioita voi katsoa, mitkä asetukset toimivat parhaiten omassa talossa.

Smart Price Adaption -ominaisuus on ilmainen, mutta jotta se toimii on maalämpöpumpun oltava liitettynä nettiin. Joissain pumpuissa on myös sääennusteen huomiointi -toiminto, jota voi käyttää samaan aikaan pörssisähkön seurannan kanssa. Vaikkei itsellä olisikaan pörssisähkösopimusta, voi kuitenkin toiminnon avulla oman kotitalouden osalta pienentää valtakunnallisia sähkönkulutushuippuja, joka on tärkeää sekin sähkön riittävyyden kannalta.

Maalämpöjärjestelmän alunperin oikeanlainen mitoitus on avainasemassa sähkön säästössä. Maalämpöhän on jo lämmitysmuotona muutenkin suoraa sähkölämmitystä edullisempaa, koska se tarvitsee ainoastaan kolmasosan sähköä saman lämmön tuottamiseen. Lämpimän käyttöveden kulutuksen vähentäminen on oleellista sähkön säästössä maalämpöjärjestelmälläkin lämmitettäessä. Niinpä maalämpöpumpussa on hyvä olla erikseen käyttöveden ja lämmitysveden tuotanto.

TALVIRAKENTAJAN TARKISTUSLISTA

Rakentaminen tuo kieltämättä helposti mieleen kesän ja t-paitakelit, mutta talvirakentamisella on omat hyvät puolensa. Etenkin hirsitalon rakentamisessa talvella on monta plussaa.

ILMANKOSTEUS on kevättalvella ihanteellinen hirsirakentamiseen. Hometta leijuu ilmassa hyvin vähän, joten hirsien suojaamisen kanssa ei joudu olemaan niin tarkkana. Ennen maalaamista sudimme desinfioivan homekäsittelyn kehikkoon, jotta ikäviä pilkkuja ei maalipintaan ajan myötä muodostuisi. Nykyään muuttuneiden EU-säädösten vuoksi hirsiä ei ole valmiiksi tehtaalla homekäsitelty. Keskitalvella ei myöskään pitäisi olla sitä vaaraa, että hirsiä joutuisi kurassa pyörittelemään.

TYÖMIEHIÄ voi olla helpompi saada palkattua talviaikaan, kun he eivät ole niin kiireisiä ja kiinni muilla työmailla. Työkaluja saa vuokrattua paremmin, kun kysyntää on vähemmän. Varasimme rakennustelineet hirsipystytystä ja katon tekoa varten jo aiemmin, jotta ne olisivat valmiina kun tositoimet alkavat.

ALENNUKSIA tarvikkeista talvirakentamiseen. Meillä oli talotoimittajaltamme talvirakentajan etuna päätykolmioiden toimitus valmiiksi kasattuina, mikä vähensi työtä työmaalla.

TOIMITUSAJAT saattavat olla talvella erilaisia kuin kesäaikaan. Toisaalta tavara voi tulla nopeammin, mutta esimerkiksi betonia saisimme toimittajaltamme vasta huhtikuun alusta alkaen. Pohjan valmistelu lattiavalua varten, eli putkitusten ja eristeiden laitto, suunniteltiin tehtäväksi kevään mittaan sopivasti ennen lattiavalua.

Talvella on toki varauduttava pakkasiin, mutta talvityövaatteet ovat nykyään tosi hyviä ja lämpimiä. Oleellista on järjestää lämmin taukotila, jossa sormia voi lämmitellä ja samalla tutkia rakennuspiirustuksia. Lumen kanssakin on puuhaa, mutta ei sitä välttämättä joka talvi niin paljoa ole. Toistaiseksi raksaelämä talvella tuntui mukavammalta kuin syksyn kaatosateissa.

KOHTI KEHIKKOA

Iltaohjelmana työmaalla oli pieni valuoperaatio. Valoimme betonimyllyllä talvibetonista neljä limppua, joiden varaan talon keskellä olevat neljä kantavaa pilaria tulisivat. Limput siirrettäisiin paikoilleen sisälle ennen pilarien laittoa.

En tiedä menikö prosessi vähän vaikeimman kautta, mutta onpa ainakin tehtynä tuet pilareille. Tiedä sitten miten muut ovat ratkaisseet vastaavan tilanteen. Pilareiden sijoitteluun tuli vielä jälkeenpäin muutoksia, kun väliseinien oli tarkoitus olla kertopuuta ja alkuperäinen rakenne olisi ollut siten sellainen, että pilarit kantavat sisälaatan päällä ja kaksi näistä olisi väliseinän sisään askarreltuina massiivipuusta osaksi väliseinärakennetta. Nyt muutetussa rakenteessa pilarit eivät tule painamaan laattaa, vaan ovat omalla perustuksellaan ja anturallaan. Näitä rakenteita ei tullut syksyllä vielä tehtyä epävarmuuden vuoksi.

Talomme kaikki väliseinät tulevat lattiavalun päälle, eivätkä ne ole kantavia. Ajatus talvivalun onnistumisesta mietitytti hieman, mutta asia ratkesi itsekseen säiden oltua plussalla edeltävinä päivinä.

Rautakauppareissulla kävimme ostamassa valmiiksi talon pystytyksessä ja katon teossa tarvittavat ruuvit, konenaulaimen naulat sekä ruuvit terassin tekoon. Ostoskärry oli kierroksen lopuksi aika kukkuroillaan. Toinen työn alla oleva urakka oli lumenluonti perustuksen päältä ja sokkelin reunoilta. Perustuksen talviuni päättyy nyt!

Saimme pikku yllätyksen työmaalle, kun meille ilmoitettiin ikkunatoimituksen olevan jo saapumassa viikkoa ennen hirsitoimitusta. Keksimme ikkunoille nopeasti suojaisen säilytyspaikan reilun sadan metrin päästä tontilta, kun emmehän voineet ikkunoita keskelle tonttia laittaa. Olisivat vielä rikkoontuneet pystytystohinassa. Ikkunat siirrettiin myöhemmin varsinaiselle työmaalle traktorin lavalla. Pääsimme siis aloittamaan talonrakennuksen kotiuttamalla ensin saapuneet ikkunat.

Hirsitoimituksen saapumispäivänä aamu alkoi kuorman purkamisella ja piha oli tämän johdosta tosiaan melko täynnä paketteja. Sopu sijaa antaa ja kaikki paketit mahtuivat pihalle. Aamulla alkanut lumisade lakkasi sopivasti puolen päivän aikoihin. Lumesta puheen ollen, perustuksen putsaaminen ennen hirsipakettien toimitusta oli aikamoinen koitos, kun pressujen päällä oleva lumi olikin puoliksi jäätä. Olisi kannattanut varata päivä lisää lumitöihin. Sentään jää irtosi pressuista ja pressut säilyivät ehjinä, jotta niitä pystyi vielä käyttämään muuhun suojaamiseen. Vaikka aika meni tiukoille, saimme toimitusta edeltävänä iltana lumet kuitenkin puurrettua pois perustuksen päältä ja viimeiset lumikasat kolasimme kauemmas samalla kun hirsipaketteja purettiin rekasta. Aamun mittaan satanut höttöinen pakkaslumi olikin jo unelmaa kolata pois.

Pystytys käynnistyi heti ja ensimmäisen päivän päätteeksi valmistui taitavien pystyttäjiemme käsissä ensimmäinen hirsikerros. Perustuksen ja alimmaisten hirsien väliin laitettiin radonkaista ja talotehtaan toimituksessa mukana tullut talotiiviste. Näitä ei parane unohtaa, kun olisi aika vaikea lisätä niitä myöhemmin. Pystytyspäivälle olimme varanneet paikallisen yrittäjän nosturiautoineen avuksi.

Seuraavana päivänä tontille tulivat myös kattotuolit. Ovien ja ikkunoiden paikat alkoivat hahmottumaan. Lamellihirsi talossamme on 240 x 260 kokoista kuusta. Nopeasti hirsikehikko kyllä nousee osaavissa käsissä ja rakennelma alkoi näyttää talolta. Kolmessa päivässä, hirsitoimituspäivä mukaan lukien, kehikko oli kasattu. Hirret kiinnitettiin toisiinsa puisilla vaarnatapeilla ja nurkissa on kierretangoilla kiristys. Seuraava projekti oli laittaa paikoilleen olohuoneen neljä pilaritolppaa, jotka ovat siis kantavaa rakennetta. Aiemmin talvibetonilla valetut betonilimput siirrettiin nosturilla paikoilleen ja passattiin oikeaan kohtaan.

Pihaa sai kolata päivittäin ja lunta lapioida pois sisältä talosta, kun kattoa ei vielä ollut. Ei se tietysti mikään yllätys ollut, että talvella tulee lunta. Helpompaa kyllä lumen kanssa oli kuin olisi ollut vesisateessa, silloin olisi stressannut hirsien kastumista. Pakkaslumi lähti helposti harjaamalla pois hirren päältä.

Hoksasimme vasta tässä vaiheessa, että aluskate ei tietenkään kuulunutkaan talopakettiimme, kun kattopellitkin hankimme erikseen paketin ulkopuolelta. Vertailimme ja kilpailutimme siis nopeasti, minkä aluskatteen hankkisimme. Päädyimme hengittävän aluskatteen hankintaan varsinaisen talon katolle ja terassin alueelle edullisempaan kondenssisuojattuun aluskatteeseen.

Sisällä juuri pystytetyssä kehikossa oli päivittäin meille itsellemme järjestelemistä, eristepakettien kantamista ja lumitöitä. Kunhan aluskate asettuisi paikolleen, niin lunta ei tulisi tupaan enää lisää. Hupsulta tuntui kolata lunta talossa sisällä. Pääsimme fiilistelemään ensimmäistä auringonlaskua kodissa jo eräällä illan siivousreissulla, kun pinosimme pihalla laudanpätkiä. Se tuntui merkitykselliseltä hetkeltä.

Minun tehtäväni tässä vaiheessa työmaalla oli tehdä päivittäisiä lumitöitä, hakea rautakaupasta pressuja sun muita tarvikkeita ja siivota pihaa, muuta en juuri osannut tehdä. Mieheni nikkaroi terassin pohjarakenteen, jotta rakennusmiehet pääsisivät tekemään terassin kattoa. Seinissä sisällä oli merkittynä uurteina väliseinien kohdat muistuttamassa tulevasta väliseinäurakasta. Rakennusmiehemme kehuivat työmaalla hirsipaneeleita laittaessaan talotoimittajamme puun laatua todella hyväksi, mistä olimme tietysti hyvin iloisia.

Koska kattotuotteiden saapuminen kolkutteli jo ovella, aloitimme talon maalauksen räystäslaudoista samassa yhteydessä katon teon kanssa. Talon väriä onkin hyvä miettiä jo varhain, koska usein talopaketeissa räystäslaudat tulevat pohjamaalattuina. Myös tikkaiden ja rännien värin osalta kannattaa huomioida talon väritystä miettiessään, haluaako ne talon vai katon värisinä. Vai jonakin ihan muuna. Päädyimme valkoisiin ränneihin, jotka ovat polttomaalattua alumiinia. Tämäkin oli uutuustuote, johon ei kuulemma jäisi siitepölyraitoja, jotka helposti näkyvät peltiränneissä. Ränneille annettiin huikea 100 vuoden puhkiruostumattomuustakuu. Eli eipä tarvitse ihan heti olla uusimassa. Käytössä saimme tulevina vuosina huomata, että siitepölyraitoja ei tosiaan ole näihin nimeksikään jäänyt. Tilasimme samalla ränneille ja tikkaille asennuksen, eli yksi työvaihe olisi taas meiltä itseltämme pois. Rännien asentajat tekivät rännit mittatilauksena määrämittaansa rakennuspaikalla. Niinpä ne ovat saumattomia ja siten varmasti tiiviitä. Rännien kulmat ja päädyt toki ovat erilliset ja ne tiivistettiin massalla.

TALOLLE KRUUNU JA MAALIA PINTAAN

Hienot kirkkaat kevättalven päivät olivat käsillä. Sää muuttui samalla hitusen kylmemmäksi, muuten meitä olivat suosineet todella hyvät talvirakennussäät. Auringonsäteet paljastivat, että kevättä kohti mentiin kohisten. Ilmankosteus oli talvirakentamisessa oikein loistava.

Työmaalla oli seuraavat viikot touhua, tohinaa ja tekemisen meininkiä. Tuloksia todella näkyi. Aurinkoinen sää vaihtui lumipyryihin. Pari viikkoa meni tiiviisti kattorakenteiden teossa. Rakennusmiehemme asensivat kattotuolit paikoilleen. Sitten he siirtyivät askartelemaan hitaampia vaiheita eli erkkerin, terassin ja kuistin kattotuoleja ja räystäitä. Talon etupuolen koristeikkunan kohta aiheutti heille vähän pohdintaa, että miten katto siinä kohdin asettuu. Sekin osa katosta muotoutui.

Rakennusmiestemme työlistalla vuorossa olivat päätykolmioiden asennus. Tämä oli niin jännää ja odotusten täyteistä aikaa. Päätykolmiot tulivat talotoimittajalta elementteinä ja näihin oli myös valmiit räystäselementit. Mitoituksissa oli jotakin pientä sovitusta ja työmiehemme päättivät korjata ongelmaa työstämällä räystäselementtiä, jotta se istuisi ja asettuisi paikalleen oikein. Vaikka sovittamiseen meni hetki ylimääräistä aikaa, valmiit elementit kyllä säästivät aikaa, koska niitä ei kuitenkaan tarvinnut erikseen rakentaa työmaalla. Elementit olivat kaikin puolin sitä mitä pitikin, lukuun ottamatta tuota pientä sovittamista vaativaa hommaa. Harjakorkeus alkoi häämöttää, joten mieleen tuli, että tässähän on kohta alettava harjakaisia suunnittelemaan. Seuraavana päivänä toimmekin rakennusmiehillemme sitruunamuffinseja ja kahvia harjakaisten tunnelmassa.

Rakennusmiehemme asensivat räystäät ja hirsipaneelit ympäri taloa niin siististi, että välttämättä ei tarvitsisi laittaa rakenneleikkauksissa suunniteltua peitelistaa rakojen piilottamiseksi. Olisi katsottava elääkö puu myöhemmin minkä verran ja ne voi lisätä myöhemmin tarvittaessa.

Pääsisäänkäynnin yhteydessä katossa on jiirikulma ja timpuri rakenteli sitä rauhassa pohtien erityisesti räystäiden otsalautojen liittymää. Näihin ei oikein ole valmiiksi pureskeltua ratkaisua ja vaikka piirustuksissa on pääpiirteet ajateltuna, yksityiskohdat ja jotkin asennustekniset tuet tai rimat puuttuvat kuvista.

Aluskate asettui paikoilleen ja ruodelaudoitukset oli laitettuna nekin. Pian alkoi myös peltien asennus. Asennusjärjestyksessä jouduttiin kuitenkin terassin kattorakenteet tekemään ensin peltejä myöten valmiiksi, jotta toisen lappeen räystäät voisi laittaa umpeen. Asennustilaa räystään ja terassin katon väliin olisi jäänyt muuten vain kymmenisen senttiä. Jossakin välissä tuo alue pitäisi myös maalata samasta syystä.

Etsimme tovin perinnemaalia, joka olisi kestävä ja hengittävä eli varmasti hyvä valinta hirsitalon ulkomaaliksi. Päädyimme pellavaöljymaaliin, joka on pellavaöljyvernissan ja kolmen muun luonnonöljyn seosta. Koska kyseessä on öljymaali, se siis myös ohennetaan pellavaöljyvernissalla.

Hyvä juttu tässä maalissa on, että sillä voi maalata pakkasellakin. Purkin kyljessä luvataan -20 asteessa maalaaminen. Minulle talvimaalaaminen olikin uusi asia tai enpä ollut asiaa edes niinkään ajatellut. Saaristossa on perinteisesti maalattu venevajat jäiden päältä. Vuodesta 2013 valitsemassamme maalissa on ollut lisäksi UV-suoja, joten sen sävyn keston luvataan olevan omaa luokkaansa.

Taitaa olla eri koulukuntia siinä, että laitetaanko hirsiin ennen maalaamista homeenestoainetta vai ei. Kaikki eivät sitä halua laittaa ja mekin puntaroimme asiaa. Päätimme kuitenkin levittää hirsien pintaan laimennettavaa homeenestoainetta. Aineen annettiin vaikuttaa vuorokaudesta kahteen ja sitten voitiinkin maalata päälle sävytetyllä maalilla. Meille suositeltiin homeenestokäsittelyn tekemistä ja toki toivoimme, ettei hirren pintaan tai räystäiden alusiin ilmaantuisi homepilkkuja ainakaan ihan heti. Emme myöskään haluaisi heti parin vuoden kuluttua käsitellä maalipintaa uudestaan, vaan toive on että nyt tehtävä maalaus kestäisi kauniina vuosia.

Homeentappajassa käsittelylämpötila ei tosin ole sama kuin maalilla, mutta pikkupakkanen ei vielä sen levitystä haittaa. Aine on ilmeisesti pääosin etanolia, isopropanolia ja desinfioivaa ainesosaa. Lämpimällä vedellä laimennettuna käsittely onnistui niiltä osin, kuin oli tarve ensimmäisiä maalauksia tehdessä.

Talon väriksi oli valittu *paperi*. Ensimmäinen visiomme pytingin väriksi oli keltainen, mutta jossain kohtaa se ei tuntunut enää varmalta valinnalta ja kun emme oikein muutakaan väriä keksineet, päädyimme valitsemaan lämpimän valkoisen talon väriksi. Kuultavaa öljykäsittelyä vierastimme siinä mielessä, että vaarana olisi joutua tekemään käsittely useammin, joten päädyimme peittomaaliin.

Saimme kunnolla otettua pensselit käteen ja aloitimme talon maalauksen maalaamalla ensin räystäslautoja ja erkkerin terassin puoleisen katon lipan, joka on niin ahdas kohta, että se on helpompi käsitellä ennen peltien laittoa. Räystäslaudat olivat pohjamaalattuja, mutta maalasimme nekin jotta saisimme toisen kerroksen pintaan ennen peltien laittoa. Kokonaan talo suunniteltiin maalattavaksi valmiiksi lattiavalun kuivuessa, kun silloin ei sisällä voisi rakentaa.

Pidän todella paljon maalaamisesta, joten oli kiva päästä toimeen. Testilautoja maalaillessa ja ensimmäisiä maalauksia tehdessä pääsi jo käsiksi tuntumaan maalin helposta levittymisestä. Vaikka lämpötila oli -10 pakkasen puolella, ei koostumuksessa juuri eroa huomannut lämpimällä säällä maalaamiseen. Saimme ohjeet, että pellavaöljymaalia kannattaa maalattavalle pinnalle levittää niin, että töpöttelee sitä ensin pitkin lautaa ja sitten sivelee koko matkalta. Kuivumiseen pellavaöljymaali tarvitsee useamman päivän aikaa ja se kuivuu lähinnä valon vaikutuksesta.

Kun talo oli keväämmällä maalattuna ikkunoiden ylälistan kohdalle asti, lattialämmityksen asentajamme kysyi, onko talosta tulossa kaksivärinen. Mieheni vastaus oli, että se on maalattu siihen asti, mihin vaimo ylettyy A-tikkailta maalaamaan.

Myöhemmin vuokrasimme henkilönostimen muutamaksi viikonloppurupeamaksi ja mieheni homekäsitteli ja maalasi valmiiksi talon yläosat.

Katon pellitysten laitto oli jo aika pitkällä, terassin katto ja toisen puolen lape talosta olivat valmiina. Suorat pätkät menivät joutuisasti, mutta jiirit veivät aikaa, kun rakennusmiestemme täytyi leikellä peltejä. Tällaisessa lukkosaumakatossa pellin läpi kiinnitettäviä ruuveja käytetään lähinnä vain erilaisten listojen kiinnitykseen ja pellin päiden kiinnitykseen jiireissä. Muilta osin kattopellit kiinnitetään ruoteisiin litteäkantaisilla ruuveilla, jotka jäävät peltien alle piiloon tiukasti pitävien ponttien kohdalla.

IKKUNOITA AKKUNOITA

Katon valmistuessa kohisten katseet kääntyivät ikkuna-aukkoihin. Ikkunoiden asennus hirsitaloon aloitetaan ottamalla käteen moottorisaha ja sahaamalla ikkuna-aukot merkkien kohdalta auki. Tai me sahasimme ikkuna-aukkoja kyllä kaikilla mahdollisilla sahoilla. Käytössä oli lopulta niin pistosaha, puukkosaha, sähkösaha kuin moottorisahakin.

Tehtaalla on tehty hirsiin valmiiksi urat, joita pitkin leikataan. Ikkuna-aukkojen sahauksen jälkeen saakin imuri hyrrätä, sisälle kun ei juuri saisi jäädä sahanpurua. Lattiavalua ei oltu tässä vaiheessa vielä tehty ja sisällä oli sepelipohja. Ainakin yritimme suojata pohjaa pressuin ennen sahaamista ja putsasimme loput lattialle livahtaneet purut imurilla.

Kun ikkunoiden kohdat oli aukaistu, aloitimme asentamaan ikkuna-aukkojen sivuihin karalankkuja. Leikkasimme ensin kiinnitysurat upotussahalla tai moottorisahalla ja kiinnitimme niihin niittaamalla hirren ja laudan väliin tulevan tiivisteen. Ikkuna- ja oviaukot näyttivät suurilta, koska niiden yläpuolelle jäi painumavara. Ikkunat tulevat siis kiinni vain karalankkuihin, jotta ne eivät hajoa talon painuessa. Karalankkujen pontti menee hirsissä olevaan uraan. Leveät listat ja vuorilaudat peittävät myöhemmin alleen tuon painumavaran raon.

Karalankkuihin tehdyissä urissa ruuvit on laitettava uraan ylös, jotta ruuvit liikkuvat alaspäin hirsien painuessa. Erkkerissä on meillä monta ikkunaa vierekkäin, jolloin laitoimme raudat kiinni palkkiin ja kiinnitys on alapuolella, sillä rauta painuu alaspäin lankun pysyessä paikallaan. Näitä painumasuuntia jouduimme miettimään monessa kohdassa, muun muassa följäreihin ne tulevat riippuen kummasta päästä rakenne on lukittu.

Kun saimme ikkuna-aukot valmisteltua kuntoon, rakennusmiehemme pääsivät nostamaan ikkunalasit paikoilleen oikeaan kohtaan ja korkoon kiilojen avulla ja ne ruuvattiin kiinni karalankkuihin karmeineen päivineen. Erkkerin kohdalla karmit ovat meidän ikkunoissa kiinteästi mukana. Olohuoneen erkkerin isot ikkunat ovat painavia, kun niissä on kuuden millimetrin turvalasi. Eli nostajia tarvittiin monta. Kun rakennusprojektimme alkoi ja tilasimme talotoimituksen vuonna 2017, vaatimukseksi riitti kuuden millimetrin turvalasi matalalla olevassa ikkunassa sisällä. Turvalasi vaadittiin, kun ikkunan lasipinta on lattiapinnasta alle 700 millimetriä. Vuoden 2018 alusta vaatimukset nousivat ja näissäkin ikkunoissa tulisi olla nykyään laminoitua tai karkaistua lasia, jolloin lasi on vielä kestävämpi.

Kun isot ikkunat oli aherrettu paikoilleen, seuraavana vaiheena pääsimme pursottelemaan uretaania väliin. Tässä saikin olla tarkkana, jotta uretaania meni rakoon sopiva määrä! Koska se laajenee, saattaa ainetta helposti mennä liikaakin. Liian vähäkään määrä ei tietenkään ole hyvä, silloin rako ei olisi tiivis. Lopuksi asennuslaudat otettiin pois ja muutama ajatus kulkeutui ikkunoita katsellessa siihen teemaan, että millä konstilla korkealla olevat yläikkunat saadaan aikanaan pestyä. Voin kertoa, että on ne kerran pesty tikapuilta kurkotellen pitkävartisella ikkunanpesimellä.

Päivät kuluivat ja rakennuksen ulkotilojen eli terassin ja kuistin rakentamiseen meni aikaa enemmän kuin arvelimme. Erityisesti kattorakenteiden teko oli aikaa vievää askartelemista rakennusmiehiltämme. Halusimme kuitenkin taloon vanhan ajan huvilafiilistä, jossa on konstikkaita katoksia ja jiirejä. Terassista tuli ehkä vähän turhankin suuri, toisaalta nyt ei sateinenkaan kesä haittaa. Katoksen alle mahtuisi ulkosohvaryhmä, grilli, ruokapöytä ja lasten ehdottama riippumattokin. Ruokapöytä puuttuu vielä sieltä näin neljän vuoden asumisen jälkeen, mutta kyllä terassi on muuten ollut keväästä syksyyn päivittäisessä käytössä ja se on ’kesämökki’ ja kesäkeidas. Riippukeinukin siihen viime kesänä saatiin lahjaksi. On myös muodostunut ihana perinne juoda pullakahvit heti kevään ensimmäisenä kunnolla lämpimänä päivänä tai viikonloppuna terassilla, kun ilmassa on selvä lupaus keväästä ja terassi kutsuu siivoamaan ja laittamaan paikkoja kesäkuntoon talven jäljiltä.

Terassin laudoituksen nikkaroimme entisessä kodissamme hyväksi havaitusta lehtikuusesta, joka on myrkytön ja ekologinen vaihtoehto kovilla aineilla kyllästettyihin terassilautoihin verrattuna. Terassin runko on painekyllästettyä lankkua, joka tuli talotoimituksessa mukana. Lehtikuusta käytetään myös laivojen kansissa ja se harmaantuu ajan kulkuun kauniisti, joskin se on mahdollista halutessaan käsitellä ja sävyttää. Lehtikuusi on luonnostaan lahoamista kestävää ihan ilman mitään käsittelyä. Minusta se on sielukasta ja kaunista puuta.

Lasten kanssa vietetään paljon aikaa ulkona, joten ulko-oleskelutilat ovat tärkeitä. Kannattaa miettiä talomallia pähkäillessä myös ulkotiloja tarkasti oman perheen asumisen tarpeita ajatellen. Suunnittelussa helposti keskittyy erityisesti sisätiloihin ja pohjaratkaisuun ja terassien miettiminen voi jäädä vähemmälle. Terassirakennelmat nostavat kustannuksia paitsi tarvikkeiden myös rakenteluun kuluvan ajan vuoksi. Toisaalta ei liian pientäkään terassia kannata rakentaa, jota sitten joutuisi heti kenties laajentamaan.

Talon etupuolen kuistin katto jäi keskeneräiseksi, kun rakennusmiehemme lähtivät seuraaville työmaille ja siirryimme jatkamaan itse urakkaamme. Jotenkin tuo hetki on jäänyt mieleen, kun tajusi, että nyt työmaalla ei tosiaan tapahdu mitään, jollei itse tee siellä asioita. Nyt oli vain voinut sujuvasti seurata, kun asiansa osaavat ammattilaiset tekevät ja hommat edistyvät vauhdilla. Toisaalta ei tulisi laskujakaan maksettavaksi. Runko kuistin katossa oli paikoillaan, mutta ruodelaudat, aluskate, otsalaudat ja pellit puuttuivat. Mieheni jatkoi tästä ja minä taasen askartelin loppujen asentamattomien ikkunoiden kimpussa valmistellen aiemmin mainittuja karalankkuja asennusta varten. Niittipyssy tuli tutuksi karalankkuja tehdessä. Puutyövaiheeseen päästessä uudenkarhean hirsikehikon huomassa oli puutyöpajan tunnelmaa. Jotenkin raksalla ollessa tuli mieleen koulun puutyöluokka ja kouluaikojen kosketus puutöihin. Vaikka oli tämä vähän muuta kuin kynätelineen tai lintulaudan rakentaminen.

Seuraavana työvuorossa olisi myös räystäiden maalausta, sillä rännien, syöksytorvien ja talotikkaiden asennus katolle lähestyi. Räystäiden maalaukseen saimme talkooapua. Ehdimme sopivasti nikkaroida citynurkat, kiinnittää kuistin reunapellit ja maalata räystäät loppuun ennen ränniasentajien tuloa. Oli mukavaa saada talo säältä suojaan tältäkin osin ennen kevätsateita, jotka alkoivatkin heti pari päivää rännien asennuksen jälkeen. Vesi ihmeesti roiskuu katolta seinille ilman rännejä, joten kyllä vesikourut on hyvä asentaa uuteen taloon pian katon valmistuttua.

Talon valmiusaste oli uusimmassa valmiusastetodistuksessa 53 %. Näiden prosenttien jälkeen olimme päässeet jo hitusen eteenpäinkin eli ikkunat oli asennettu loppuun ja tehty terassin runkoa eteenpäin.

Vastaava työnjohtaja täyttää valmiusastetodistukset ja niitä toimitetaan pankkiin lainan nostamista varten. Rakennuslainaa nostetaan saapuneita laskuja vastaan ja samalla seurataan talon valmiusastetta ja rakennusbudjettia. Ulkoapäin "valmiin" talon valmiusaste on yleensä noin 50 - 60 %. Meillä valmiusastetta nosti tuossa kohtaa esimerkiksi jo porattu maalämpökaivo.

Huhhuijaa, vaikka paperilla oltiin puolivälissä, tuntui tekemistä olevan vielä paljon! Välillä kävi mielessä, kuinka mittavasti pientä näpertämistä olisikaan luvassa. Toisaalta ei rakentaminen ikuisesti kestäisi, niin turha nyt olisi hötkyillä. Kaikki aikanaan ja pala kerrallaan. Viimeisin erävoitto oli kun saimme kaikki ikkunat paikoilleen, se tuntui tärkeältä etapilta.

Olin lukenut monesta blogista raksaväsymyksestä, joka varmaan iskee jokaiselle rakentajalle jossakin kohtaa projektia. Kun keskeneräisyys ja rahanmeno kyllästyttävät eikä raksalle oikein huvita mennä. Talvirakentamisen etuna voisi sanoa, että kun hidas sisätöiden rakennusvaihe alkaa, valon lisääntyminen piristää kummasti! Kun päivä pitenee, tuntuu järkevämmältä työpäivän jälkeen vielä nikkaroida tai tarttua pensseliin. Syksyn harmauskin jäi alkuinnostuksen alle perustusta tehdessä. Jos talo olisi tässä vaiheessa syksyllä, voisi tuntua harmaammalta. Toistaiseksi hommiin oli lähtenyt aina mielellään. Olimme myös huomanneet, miten paljon kaikenlainen kannustus ja pienikin apu läheisiltä ja ystäviltä, tai ihan tuntemattomiltakin, loivat uskoa talon valmistumiseen.

Nyt tuntui myös vahvasti siltä, ettei enää missään nimessä haluta varata mitään liian tiukalla aikataululla. Vaan varata asiat sitten, kun on varmasti saatu edellinen vaihe niin valmiiksi, että ehdimme saada kaikki tarvittavat asiat kuntoon esimerkiksi ennen lattiavalua. Kun rakentaminen on itsessään jo stressaava projekti, kaikkea turhaa stressiä on syytä välttää. Elämässä ylipäänsä ja varsinkin taloa rakentaessa.

Teimme vielä kuistin katon pellitykset loppuun. Ruodelaudat ja aluskatteet asettuivat ensin paikoilleen. Katto on malliltaan aumakatto, joka on kyllä kaunis mutta työläs. Aumakatossa on lappeita enemmän kuin kaksi, eli meidän kuistin katossa niitä on kolme. Niinpä tulee kaksi harjalistaa, joiden päiden muotoilussa miehelläni meni tovi jos toinenkin. Tarkoitus oli estää muun muassa lintujen pesäpaikat. Harjalistojen alla on vielä harjantuuletuslistat ja jokaisen auman kattolevyn pääty on taivutettu ylöspäin. Reunapellit ja lumiesteet laitettiin paikoilleen nekin. Kuistin kohdalle tuli sittenkin hengittävä aluskate, jos tila tosiaan joskus muutetaan umpikuistiksi. Tällaista vekslaamista materiaalien kanssa siis välillä oli. Kuistin kattoon alunperin hankittu aluskate päätyi varaston katolle, joten ei se hukkaan mennyt. Nythän ajatus umpikuistista on jo hylätty, mutta jotenkin se tuolloin tuntui tärkeältä mahdollisuudelta ja kuvasi hyvin valinnanvaikeutta rakentamisratkaisuissa.

Asensimme ulko-ovet ja aloimme valmistella pohjaa lattiavalua varten. Tämä tiesi myös viemäriputkituksia, eristeiden laittoa ja lattialämmityksen asennusta. Aikataulutavoitteeksi asettui, että olisi kiva saada lattia valettua toukokuun aikana ja kuivumisprosessi siten alkuun ennen kesää. Jos betonia haluaa sen puoli vuotta vaikka kuivattaa. Talossa voisi tietenkin tehdä kaiken muun valmiiksi ja lopuksi vasta laittaa lattiapinnat. Parkettien asennuksessa ja etenkin laatoittamisessa tuon kuivumisajan kanssa olisi turha kiirehtiä, etteivät laatat sitten irtoile märän betonin päältä.

LATTIAPURILAINEN

Pikkuhiljaa pääsimme siirtymään sisähommiin valmistelemaan pohjaa, olihan tavoitteemme saada piakkoin lattia valetuksi ja kuivumaan. Talo oli nyt säältä suojassa, katto kaikkinensa oli valmis, ikkunat ja ulko-ovet olivat paikoillaan. Keskityimme siis seuraavat viikot täysin seuraavaan tavoitteeseemme. Tilasimme raudoitukset ja ne saapuivat tontille odottelemaan. Eristelevyt olivat jo pitempään vartoneet pihalla vuorena vuoroaan. Sitten ryhdyimme toimeen ja lattian kimppuun, joka olikin aikamoinen savotta.

Pohja laseroitiin, ylimääräistä sepeliä vietiin pois ja tiivistettiin pohja niiltä osin, joista ei tarvinnut kaivaa putkiuomaa. Paikoilleen laitettiin viemärien runkolinja, takan korvausilmaputki, saunan kiukaan korvausilmaputki sekä muutkin viemäriputket ja lattiakaivot. LVI-asentajamme mittasi viemäriputkien kaadot kohdilleen. Seuraavaksi kaivoimme radonputken paikoilleen. Radonputki kiertää yhtenä lenkkinä noin puolentoista metrin päässä seinästä ihan sepelin pinnassa. Pääsimme latomaan paikoilleen eristelevyjä, joita laitettaisiin neljä kerrosta.

Takan korvausilman kanssa oli hieman pohdittavaa,

sillä alunperin tarkoitus oli laittaa muoviputkea ja takan alle metalliputkea. Meillä oli kuitenkin hankaluuksia löytää sopivia osia, jotka soveltuivat alapohjaan asennettavaksi. PVC-muovista valmistettuja osia ei saa käyttää alapohjassa laatan alla. Lisäksi kiinnitys piti saada tuuletuspaaluumme sopivaksi ja liitokset tiiviiksi, ettei mahdollinen radonkaasu tule takan kautta sisään. Tavalliset peltiset ilmanvaihtokanavat eivät taas kestä maan alla. Onneksi ilmanvaihtokanavia löytyy myös rosterisina, jollaisesta takan korvausilman reitin teimme näiden vertailujen pohjalta. Kanava on erikseen eristetty vielä koteloimalla, erityisesti viemäriputkien kanssa tapahtuvan risteymän vuoksi ja estämään toki myös pakkasta hiipimästä alapohjaan.

Lattialämmitystoimitukseemme kuului lattialämmityssuunnitelma, jossa piirit on mitoitettu laskennallisesti ottaen huomioon putkien virtaamat ja energia tarve. Lisäksi suunnitelma huomioi piirin putkien tiheyden paikossa, joissa tarvitaan enemmän lämpöä, kuten ikkunoiden edustoissa. Näin voidaan putkien koko ja pituudet mitoittaa oikeaksi ja samalla määrittää kuinka monta erillistä säätöpiiriä taloon tarvitaan. Kylpyhuone myös pidetään erillisenä piirinä, jotta sen lämpö voidaan tarvittaessa pitää muita piirejä korkeampana.

Alkoi taas väkisin mietityttämään, että pitääkö suunnittelemamme aikataulu taaskaan. Tekemistä oli tällä hetkellä talon joka nurkalla. Valun alle tuli kaikenmoista tavaraa, joita laitoimme monta viikkoa paikoilleen. Varsinainen lattiapurilainen! Eristelevyjen asennusvaiheessa LVI-asentajamme kävi asentamassa kylmät vesiputket. Hänellä oli leikkuri, jolla eristelevyihin sai leikattua putkiurat. Saimme LVI-asentajaltamme kokemuksen kautta tulleen asennusvinkin putkien asennuksen yhteydessä. Pienillä suodatinkankaan suikaleilla putket saa pysymään paikallaan, kun niitä peitellään sisäpohjassa.

Takan korvausilmaputki ja saunan kiukaan korvausilmaputki oli saatu laitettua paikoilleen nekin. Jouduimme säätämään kurasyöpön kaivon paikkaa kodinhoitohuoneessa hieman sivuun, avaamaan kuumaleikkurilla eristeet auki ja vaihtamaan kaivon vaakakaivoksi oikeaan kohtaan ja sitten laittamaan eristeet uretaanilla takaisin paikalleen. Pieni mittavirhe oli päässyt pujahtamaan putkia laitettaessa. Putket olivat kimurantteja kohdistaa, vaikka väliseinien paikat hirsissä olivatkin näkyvissä.

Ennen lattialämmityskomponenttien tulemista asennusjonossa olivat vielä lämpimien vesiputkien laitto, viimeinen eristekerros sekä keittiön saarekkeen sähköputkitukset. Sähköputkituksia ei saa laittaa eristeiden väliin, joten putket tulevat betonia vasten. Tällöin sähkökaapelit pääsevät jäähtymään. Pohja saatiin vihdoin pakettiin ja viimeinen neljäs eristekerros paikoilleen. Onhan siinä aika monta kerrosta eristettä, mutta nykyään hirsitaloon onkin laitettava ala- ja yläpohjan eristettä reilusti kompensoimaan sitä, ettei seinissä ole eristettä ollenkaan.

Yhtä olohuoneen kantavista pilaritolpista jouduimme välipuuhana suoristamaan, sillä se oli hieman vinossa. Operaatio onnistui yksinkertaisuudessaan niin, että tolppa otettiin pois paikoiltaan ja passattiin oikeaan kohtaan. Viimeisimpänä seinien viereen niittasimme vielä irroituskaistan, joka estää betonin tarttumisen hirsiseinään ja lattian betoni jää näin kelluvaksi laataksi. Betoni kuitenkin kutistuu kuivuessaan ja hirren ja betonin väliin jäävä rako tiivistettiin myöhemmin tiivistysmassalla. Vaihteeksi pääsimme korjailemaan myös entisiä tekemisiä, kun paikkasimme radonkaistaan työmaan temmellyksessä tulleita reikiä.

Lopuksi raudoitukset aseteltiin koko lattian alueelle

ja reunoille tuli vielä vahvikkeet, jotta erityisesti lattian nurkat eivät käyristyisi ylös kuivuessaan, ennen kuin betoni on saavuttanut riittävän lujuuden. Seinät suojasimme lopun viimein muovittamalla.

Talossa olisi vielä melkoisesti nikkaroimista jäljellä, joten ajattelimme päästä hiukan helpommalla piharakennuksen kanssa. Rakennustarvikkeille alkoi olla säilytystilan tarvetta ja päätimme hankkia pihavaraston, jolle olisi käyttöä muutenkin valmiilla pihalla. Harkinnassa oli hetken ajan merikontin hankinta tavaroiden säilytykseen, mutta sen ajatuksen hylkäsimme. Mietimme rakentavamme joskus autokatoksen, jonka yhteydessä olisi varastotila. Sille ei kuitenkaan ollut siivua budjetissa eikä haettuna vielä rakennuslupaakaan. Niinpä tilasimme valmisvaraston, joka on yhdistetty varasto ja puuliiteri. Etsiessämme netistä sopivaa liiteriä, ihastuimme oitis somaan varastomalliin, jossa on edessä ikkunalliset pariovet ristikoilla ja myös liiterin sivuilla ikkunat. Tilasimme yhdeksän neliön kokoisen valmisvaraston alkukeväästä. Piharakennuksen mallissa toisella puolella on varastotila ja toisella puolella puuliiteri, jossa on tuulettuvat seinät.

Kun varaston paikka oli päätetty, pohja valmisteltiin eli maa tasoitettiin ensin kaivinkoneella, kivet poistettiin ja tuotiin täytemaata. Valoimme 20 pilariharkkoa betonilla umpeen edellisenä päivänä. Harkkojen päälle leikkasimme palat talotiivisteestä estämään kosteuden nousemista harkosta liiterin rakenteisiin. Pohja tasoiteltiin vielä haravalla, tärytettiin tiiviiksi, laitettiin suodatinkangas, päälle sepeliä ja harkot paikoilleen. Piharakennuksen on oltava tarpeeksi kaukana talosta, joten mittasimme, että vaadittu etäisyys varmasti jää ja varasto sijoitettiin kymmenen metrin päähän talosta. Harkkojen laitto oli vielä vaiheessa kun varastokuljetus saapui, mutta kuljettaja odotti kunhan saimme harkot aseteltua ja hän auttoi myös säätämään varastoa nostettaessa kohdilleen. Rakennus siirrettiin siis nosturilla suoraan valmiiksi paikoilleen. Varasto on kyllä todella nätti, kun se pääsi asettumaan paikalleen. Niin kuin se olisi aina ollut siinä. Varasto oli kotiutuessaan valmiiksi pohjamaalissa, joten maalaaminen ja katon pellitys olivat ainoat jutut, mitä rakennukselle tarvitsi tehdä. Siinä se pihamaan mansikka on!

VALUA KOHTI

Huhhuh, olipa raskas työvaihe valmistella pohja valua varten! Seinien muovituksen jälkeen vielä suojasimme viemäri- ja vesiputkien päät. Oli pientä ja suurempaa näpertämistä sekä väliseinien paikkojen mittauksia ja varmistuksia, jotta putket tulevat oikeille kohdille. Kytkimme lattiakaivojen sivuyhteet ja yritimme tukea putket oikeille kohdille. Raudoitusten laiton aloitimme tulevan laatan paksumpien kohtien raudoittamisella ja kannoimme porukalla sisälle ja ladoimme kuuden millimetrin raudoitusverkot. Surrikoukulla sidoimme raudoitukset kasaan, käytännössä raudoituksissa oli vähintään parille henkilölle yhdeksi päiväksi hommia. Lisäksi vesiputket yritimme tukea mahdollisimman hyvin, etteivät ne liikkuisi valuvaiheessa.

Seuraava ohjelmanumero oli lattialämmityskomponenttien laittaminen paikoilleen, joka kesti päivän verran. Tämän työvaiheen kävi suorittamassa lattialämmitysputkiston asentaja. Lattialämmityskiinnikkeet toimivat samalla raudoituksen korokkeina. Yksinkertaisesti ne painettiin raudoituksen päältä paikalleen eikä niitä tarvinnut pujotella raudoituksen alle.

Alunperin tutustuimme valitsemaamme lattialämmitysjärjestelmäänkin ohimennen Jyväskylän rakennusmessuilla. Kyseisen järjestelmän lattialämmityspiirit suunnitellaan jokaiseen tilaan erikseen siten, että putkistossa oleva lämpö pyritään luovuttamaan oikeassa kohtaa ja ulkoseinillä ja ikkunoiden alla putkijako on tiheämpi. Näin lämmön pitäisi olla tasaisempi kaikissa jakotukin piireissä ja piirit saadaan lyhyemmiksi, olettaen että jakotukit saadaan sijoitettua keskeisille paikoille. Lisäksi märkätilat ja sauna erotetaan omaan jakotukkiin, jolloin näihin laatoitettuihin tiloihin voidaan syöttää korkeampaa lämpötilaa. Piirien kierto ottaa huomioon myös sen, että esimerkiksi kylpyhuone saa piiristä ensiksi lämmön ja sitten vasta piiri kiertää saunan kautta. Vastaava mestarimme totesi, että paljon putkea mahtui myös pieneen WC-tilaankin.

Järjestelmään kuuluu huoneilmasta lämmön mittaavat termostaatit ja jakotukille kuuluvat toimilaitteet, joiden asennus kuuluu sähköasentajalle. Lattialämmityksen vesikierron jakotukeille kytki oma LVI-asentajamme. Järjestelmä säädetään ja tasapainotetaan käyttövaiheessa peruslämmölle, jonka jälkeen termostaatit hoitavat vain ylilämmön katkaisun.

Lattialämmityksen asennuksen työvaiheessa saimme taas ammattilaisen työmaalle tekemään yhden tärkeän työvaiheen alta pois. Oli aina paljon merkitystä yleiseen fiilikseen, kun jonkun muunkin toimesta asiat työmaalla edistyivät.

Asennuksen päätteeksi piirit paineistettiin ja tarkkailtiin tilannetta parikymmentä minuuttia. Paine jätettiin putkistoon valua varten, jotta nähtäisiin mahdolliset valussa syntyvät vuodot ja paine pitäisi putket muutenkin ryhdissä, kun betonia tulee päälle. Jos valuvaiheessa olisi tullut jokin vuoto, niin se olisi näkynyt kuplina ja se kohta olisi voitu jättää valamatta.

Odotettu lattian laatan valupäivä koitti. Kaikki sujui hyvin, aamulla hommat alkoivat ja muutaman tunnin kuluttua koko lattia oli liipattu. Samalla valulla liippaajamme tekivät kaadot märkätilojen lattioihin. Valun liippaamisen jälkeen odotimme helteessä muutaman tunnin ennen kuin pinta hierrettiin tasaiseksi. Siitä taas muutama tunti eteenpäin ja pystyimme ihailemaan tasaista pintaa ammattilaisten jäljiltä. Jouduimme tilaamaan kolme autollista betonia, kaksi ei aivan riittänyt. Betonia on lattiassa noin 11 senttiä ja vahvennetuissa kohdin kymmenen senttiä lisää. Koko komeus ja viikkojen uurastus pohjan kanssa oli peitettynä valun alle.

Seinien aiemmin viritelty muovisuojaus ylös kolme metrisellä muovilla auttoi siinä, ettei hiontapölykään sotkisi seiniä. Tolpat unohtuivat kuitenkin olkkarista suojata, varmaan olivat liian näkyvällä paikalla. Joten niihin piti äkkiä kääräistä muovia kun betonin laitto oli jo tolppien kohdalla tulossa. Muita edellispäivän valmisteluja oli ollut kurasyöpön asennus paikoilleen maakuivabetonimassan kanssa.

Valun jälkihoito on tärkeää ja meille opastettiin parin viikon aika jälkihoidolle. Meillä sattuivatkin kyseisen kesän hellesäät valun ajankohtaan, joten kastelukannut olivat tarpeen. Heti seuraavana aamuna kastelimme lattian ja laitoimme siihen suodatinkankaan, jonka päälle levitimme muovit kosteuden haihtumisen estämiseksi.

Parin päivän kuluttua valusta lattia on hiottava. Päädyimme tekemään tämän työvaiheen itse ja vuokrasimme hiontakoneen paikallisesta konevuokraamosta. Aika urakka se kyllä oli, mieheni oli vielä kolmen aikaan yöllä hiomassa lattiaa, kun kyselin onko kohta valmista. Säästöjä tuli toki taas kerran työvaiheen itse tehden. Muovit otimme pois hionnan ajaksi, jonka jälkeen ohjelmanumerona oli taas kastelu ja muovien takaisin laitto paikoilleen vielä viikoksi. Sitten jäimme odottelemaan, että valu kuivaisi varmasti kunnolla. Suunniteltu aika oli ainakin puoli vuotta, ennen kuin mitään laattoja tai parketteja laitettaisiin. Ja aikaahan kuivuminen sai lopulta melkein puolitoista vuotta.

SISÄTYÖSAVOTTA

Kun lattia oli reilassa, nostimme katseet kohti varsin keskeneräistä laipiota. Ilmastointikanavasuunnitelmat oli tehty ja putket niitä varten tilattu. Koneellisen ilmanvaihdon putkistoja ryhdyttäisiin asentamaan hetimmiten, jotta saisimme laipion kiinni ja puhallusvillat paikoilleen.

Kesä oli jo pitkällä ja tavoitteena oli saada talo ulkoapäin valmiiksi syksyn edetessä, eli tehdä ulkomaalaukset loppuun ja vuorilaudat nikkaroitua. Maalaaminen ei ollut onnistunut helteillä, koska maali olisi kuivunut liian nopeasti liian kuumassa. Iltaa vasten kävimme välillä vähän maalailemassa, mutta yölämpötilatkin olivat maalin kuivumisen kannalta hankalia. Maalimme osalta varoiteltiin mahdollisista maalipintaan syntyvistä kuplista, kun lämpö kuivattaa uudesta puusta erilaisia kaasuja ennen kuin maali on kuivunut. Ihana aurinkokesä oli toki muuten ollut kiva, maalailla ehtisi kyllä syksylläkin ja helteiden aikana pidimme samalla pientä huilaustaukoa rakentamisesta.

Alkuperäinen tavoitteemme oli tehdä talosta kaikin puolin terveellinen asua, jotta se olisi pitkään hyvä koti olla ja elää. Siksi puntaroimme monia valintoja ja rakennusmateriaaleja juuri tästä näkökulmasta.

Selluvillatuotteet tehdään pääosin kierrätyssanomalehdistä, sanomalehtien määrä riippuu hieman valmistajasta. Tämä on tietenkin hyvää kierrätystä. Yläpohjaneristeen vaihtoehdoksi asettui kuitenkin puhtaasti puukuituinen kuusesta tehty eriste, jonka valitsimme Lahdessa järjestettyjen rakennusmessujen esittelyn myötä. Niinpä sama materiaali jatkuu meillä eristeissä, kun talon lamellihirretkin ovat kuusta.

Työskentelin aikoinaan pariinkin otteeseen työpaikoissa, joissa oli hometta ja sisäilmaongelmia. Toinen rakennuksista on purettu ja toista remontoitiin silloin, kun olin töissä siellä. Sain noissa työpaikoissa lieviä silmä- ja kurkkuoireita, siksi sisäilma-asioita miettii myös uutta rakentaessa. Sillä yllättäen uusissakin taloissa on havaittu sisäilmaongelmia. Palonestoaineena käytetyn boorin arvellaan olevan yksi syy oireilulle uusissa taloissa. Sisäilmayhdistyksen tutkimuksissa boorin on havaittu edistävän myrkyllisten sisätilahomeiden leviämistä. Valitsemissamme seiniin laitettavassa puukuitueristeissä ei käytetä ollenkaan booria. Puhallettavassa puukuitueristeessä on tietenkin mukana palonestoaineita, mutta siinäkin booria on paljon vähemmän kuin selluvillatuotteissa. Valinta tuntui meille selvältä ja oikealta. Tämähän on kuin paluu ennen vanhaan eristeenä käytettyyn sahanpuruun, tuote on vain uudessa paketissa!

Tilatut eristepaalit saapuivat työmaalle ja niitä ehdittiin siirtelemään nurkasta toiseen moneen otteeseen, ennen kuin olivat paikoillaan väliseinissä. Ihmeesti ne vain olivat monta kertaa muiden työvaiheiden tiellä. Juuri tätä tavaroiden siirtämistä paikasta toiseen riitti moneen otteeseen. Kasoja piti siirrellä tieltä pois ja uudestaan takaisin samaan paikkaan.

Näkymä sisälle taloon astuttaessa oli, että eristepaalit olivat makuuhuoneen kohdalla isossa kasassa, toisessa kammarissa ilmastointiputket omassa läjässään pakkauslavan päällä ja laattakasoja siellä täällä. Olimme alkaneet jo etsiskelemään pintamateriaalejakin. Oli aina helpotus saada jokin tuote paikoilleen, sitten sitä ei tarvitsisi ainakaan enää siirrellä. Myös ulkona riitti paneelikasojen siirtelyä ja suojaamista, etteivät ne pääsisi kastumaan. Toki talotoimituksessa pintamateriaalit tulivat useammassa erässä rakentamisen edetessä, mutta harvoin niitä ihan saman tien saatiin paikoilleen. Etenkin kipsilevyjen suojaaminen sateelta stressasi, sillä ne menisivät kyllä sateessa piloille. Kipsilevyt kannettiinkin pikimmiten yksitellen sisälle suojaan.

MEILLÄ MUURATAAN

Takkakuvastojen selailun päätteeksi tulisijaksemme valikoitui varaava takkaleivinuuni, johon tulisi olohuoneen puolelle takka ja taakse keittiön puolelle leivinuuni. Leivinuunin luukku olisi voinut olla tässä mallissa myös sivussa, mutta jätimme pohjapiirustuksesta palomuurin muuraamisen pois ja takka toimii samalla tilanjakajana. Yksihorminen savupiippu on muurattu takan viereen.

Päädyimme leivinuunin, vaikka haudutusuunikin oli hetken pohdinnassa. Ruuanlaitto ei leivinuunissa ainakaan siitä jää kiinni, ettei uunia saa tarpeeksi kuumaksi. Haudutusuuneissa maksimilämpö on vain 200 astetta. Olemme tyytyväisiä valintaamme, kyllä takkaakin vaan kannatti muutama kuukausi pohtia kaikessa rauhassa, jotta asia varmistui mielessä ja valinta tuntui oikealta. Takkaa meillä ei ollut aiemmin ollutkaan, joten sille oli ladattu paljon odotuksia. Nämä odotukset kyllä täyttyivät täysin, takka on ollut kovassa käytössä heti ensimmäisestä talvesta lähtien, vaikka leivinuunin puoleen tutustuminen alkoi vasta vuosia myöhemmin.

Muuraustyöt aloitettiin, kun takkatarvikkeet saapuivat. Löysimme mukavan ja taitavan muurarin vastaavan mestarimme vinkistä. Muuraus aloitettiin piipusta.

Tiilihorminkin kanssa on huomioitava suojaetäisyydet rakenteisiin, eli mittanauhaa tarvittiin. Enpä tiennytkään, kuinka monessa palassa tällainen takkaleivinuuni on. Palat oli numeroitu kerrosten mukaan ja leikattu valmiiksi, joka nopeutti toki muuraamista. Korvausilma takalle tulee alta, metallisesta kanavasta takan alimmasta kerroksesta, jossa ilma ohjataan palotilaan alakautta. Kanavan voi sulkea luukulla tuhka-astian alta.

Kun takka oli muurattu, kahdesta neljään viikon kuluttua teimme ensimmäiset koepoltot. Viikon ajan poltimme päivittäin pienen määrän puuta ja seuraavalla viikolla nostimme vähän määrää. Rakennusvalvonta kävi myös tässä välissä tekemässä vaadittavan piipputarkastuksen ja samalla talon runkotarkastuksen.

Muurarimme kävi myöhemmin vielä rappaamassa takan, aluksi siinä oli tasoitepinta. Takan ja piipun pinnoitteeksi valitsimme valkoisen antiikkilaastin ja luukkujen ympärystä vekslattiin, kun siihen piti ensin tulla isot valkoiset kiiltäväpintaiset laatat. Nämä kuitenkin vaihdettiin viime hetkellä rustiikkisempiin tiililaattoihin. Luukut ovat satiinikromin väriset.

Sitten vuorossa oli piippu numero kaksi sekä kylpytilojen väliseinien muuraus. Saunan piipuksi ajattelimme ensin valmista teräspiippua, mutta muurattu piippu alkoi tuntua kuitenkin mukavammalta ja paloturvallisemmalta vaihtoehdolta. Niinpä vastaava työnjohtajamme ehdotti piippua, joka on nopeasti muurattava islantilaisesta laavakivestä valmistettu piippu. Harkot ovat yksiosaisia 25 senttimetrin korkuisia paloja, jotka "liimataan" yhteen.

Kylpytilojen väliseinät muurattiin muurarimme toimesta ja me kannoimme hanslankareina tiiliä urakalla sisälle. Kylppärin sisustustyyli ja pintamateriaalit olivat tässä vaiheessa aika pitkälti selvillä. Halusimme kaksi suihkua ja muuratun syvennyksen shampoopurkeille. Nämä kummatkin ratkaisut ovat olleet tosi mieleisiä käytössä. WC-istuimen yhteyteen tulevalle käsienpesualtaalle oli niukasti tilaa, joten allaskaappi päädyttiin upottamaan hitusen seinän sisään. Tässä tilan säästössä oli ajatuksena, että jos kylppäriin tulisi joskus kylpyamme, se mahtuisi vielä näillä mitoilla sinne. Kiukaan piippu on sekin osa tuota saunan ja kylpyhuoneen väliseinää, niin tilaa säästyi vähän vielä lisää.

Puukiukaalla suojaetäisyyksien kanssa saa pienessä saunassa olla aika tarkkana, jotta kaikki etäisyydet ovat kohdillaan. Saunan puolella kiukaasta lähtevä yhdyshormi vaatii enemmän tilaa, sen ympärille laitettava kivikori puolittaa vaadittavat suojaetäisyydet. Saunaa ei vielä tässä vaiheessa tehty valmiiksi, sen saimme tehtyä saunomiskuntoon vasta muuton jälkeen.

TIIVISTYSTÄ JA TEIPPAUSTA

Seuraavaksi puuhasimme ikkunoiden tiivistyksen parissa. Ikkunoiden asennukseen ja tiivistykseen liittyvät blogikirjoitukseni ovat olleet kaikkein suosituimpia, varmastikin koska niistä emme meinanneet oikein löytää työohjeita itsekään. Ensin laitoimme ikkunoiden ja ovien päälle painumavaran kohdalle eristettä, lisäsimme ikkunoiden sivureunoihin puukiiloja ja pursotimme uretaanit paikoilleen. Uretaaneissakin tuntui olevan eroja ja uretaanipistooli oli ehdoton työkalu. Lopuksi ikkunoiden reunat teipattiin tiiviiksi höyrynsulkuteipillä ja tämä, niin kuin moni muukin työvaihe, olivat oikeastaan tosi hauskoja tehdä. Teippiä meni rulla jos toinenkin, aika monta ikkunaa kun on. Teipit kuuluivat meillä talotoimituspakettiin.

Tiivistysohjeen mukaan tiivistimme myös karalankun ja hirren väli. Ponttien kohdat olivat hieman hankalia saada tiiviiksi. Niksinä teipatessa pienellä lastalla teippiä painettiin syvemmälle ponttiin. Hirret joka tapauksessa vuotavat vähän näissä kohdin saumoistaan, vaikka hirsissä on tehtaalla esiasennetut tiivistenauhat. Ikkunan pieliin on laitettu kaksi riviä teippiä, kun yhdellä teippauksella ei ylettänyt peittämään rakoa. Ikkunan teippaukset vaikuttaisivat myöhemmin tehtävän talon tiiveysmittauksen tuloksiin, joten tarkkaan oli tehtävä tämäkin työvaihe. Tiiveysmittaus kuului meillä talotoimituspakettiin. Myös seinän ja ovenkarmien väliin laitoimme eristettä ja teipit, mutta uretaania ei karmien väliin tullut ollenkaan. Näin siksi, jotta ovia voisi tarvittaessa säätää. Teippausurakan jälkeen siirryimme ulkopuolelle ikkunoiden smyygilistojen laittoon, ikkunapeltien asennukseen ja vuorilautojen nikkarointiin.

Koneellisen ilmanvaihdon putkistojen asentaminen kesti aikansa. Ilmanvaihtoputkissa vaihtoehtoina on metalliset tai muoviset putket. Metallisissa työläin vaihe on putkien eristäminen ja helpottaaksemme tätä työvaihetta valitsimme tuotteet, joissa ilmastointikanavien eristys oli tehty valmiiksi. Tehdasasenteiset lämpö- ja kondenssieristeiset putket jättävätkin monta työvaihetta pois ja putkien asentaminen on paljon nopeampaa. Pyytäessämme tarjousta putkista, saimme tarjouksen mukana 3D-mallinnuksen ilmanvaihtokanavista. Tarjouksen pohjaksi tarvitaan suunnitelma kanavistosta. Suunnitelmassa näkyvät putkien reitit, koot ja venttiilien paikat. Meillä niin sanotut runkolinjat ovat 200-putkea ja haarat pääosin 125-putkea. Tarjouksen mukana tulevasta 3D-mallista oli helppo hahmottaa, miten asennus oli ajateltu tehtäväksi.

Koneellisen ilmanvaihdon ja puukiukaan kanssa ilmanvaihto voi olla haasteellinen toteuttaa, tästä ei hirveästi ohjeistusta löydy vaikka näitä rakennetaankin. Saunamme ilmanvaihto toteutettiin siten, että pääasiallinen koneellinen poistoilmaventtiili on saunan lauteiden alla. Tämä on toteutettu niin sanotulla saunakanavalla. Lauteiden yllä on kuivatuskäyttöä varten oleva poistoventtiili. Raitisilma tuodaan kiukaan ylle ja kiukaan vierellä on suoraan ulkoa terassin alta johdettu korvausilmaputki puukiukaalle. Siihen etsittiin sopiva metallinen käsikäyttöinen venttiili, jonka voi sulkea ja avata tarpeen mukaan. Sopiva löytyikin ja maalasimme sen itse mustaksi, kun valmiina ei halutussa värissä sitä löytynyt.

Aloitimme kurkottelemaan ilmansulkupaperia kattoon teknisen tilan kohdalta. Väliseinien teko aloitettiin teknisen tilan seinien rakentamisella ja sen myötä tavoitteena oli päästä piakkoin kytkemään lämmitys taloon.

Ulkona imeytyskenttä ja viemäröinnit tulivat lapiollinen ja kauhallinen kerrallaan käyttövalmiiksi. Jätesäkkejä sisältäen rakennusjätettä kuten erilaisia pakkausmateriaaleja kokoontui pihalle odottamaan kaatopaikkakeikkaa. Sisällä taasen kertyi lisää pintamateriaaleja lavojen päälle asennusvuoroaan odottamaan. Ilmansulkupaperien ja ilmanvaihtoputkiston laitot alkoivat olla valmiina. Kurkottelu jatkui ja seuraavaksi siirryimme laipioiden koolaukseen ja muiden väliseinien tekoon ja samalla väliseinien eristämiseen.

Kylpytilojen huonekorkeus on hieman matalampi, joten laipion rakenteeksi muodostui ilmansulkupaperi, alaslasku ja höyrysuluksi alumiinipaperi. Alaslasku on käytännössä vain puusta tehty runko, jolla huoneen laipio saadaan alemmaksi.

Sisätyövaihe totta vie oli hidasta näpertämistä. Syksy

oli jo pitkällä ja tässä vaiheessa oli todettava, että aivan ei siis täksikään jouluksi päästäisi kotiin. Matka muuttovalmiiseen ei kuitenkaan ollut enää lopulta kovin pitkä ja matka lyhentyi jokainen ruuvi ja teipinpala kerrallaan.

Teimme putkien saumojen ja seinien vierustojen tiivistyksiä massalla ja eristelevyjen askartelua erkkerin kohdalle, johon ei puhallusvillaa saanut laitettua. Lisäksi käynnissä oli katolle tulevien viimesilausten eli piippujen pellitysten ja piipunhattujen tilaaminen ja asentaminen paikoilleen sekä neljä kappaletta ilmanvaihtokanavien läpivientien tekoa katolle. Teippausta ja vielä lisää teippausta tarvittiin, jotta ikkunoiden lisäksi ovetkin oli tiivistetty. Takkatulen äärelle olimme päässeet ja saaneet siitä esimakua takan koepolttojen myötä.

Kaupunkireissuilla hankimme kylpyhuoneen ja teknisen tilan loput laatat sekä sisämaaleja. Tuntui ihmeelliseltä, kun ostoslistalla oli jo lopullista pintaa, eikä vain piiloon jääviä tarvikkeita. Ihan emme pääsisi kuitenkaan vielä lattioita laatoittamaan, mutta olivatpa laatat valmiina odottamassa. Hankimme laattaleikkurin käytettynä. Laatoitus aloitettiin teknisen tilan lattiasta maalämpöpumpun kohdalta. Aloitimme vedeneristysten laittamista kylpyhuoneen seiniin, jotta niitä pääsisi pian laatoittamaan.

Meillä oli eteiseen hankittuna edulliset suuret laatat messuilta, mutta aloimme kuitenkin miettiä, että sittenkin pinnaltaan karheampi laatta on varmempi valinta. Jottei se varmasti olisi liukas lumisillakaan kengillä. Niinpä etsimme toiset laatat tilalle. Seuraavaksi jatkoimme yläpohjan ilmansulkupaperien laittoa ja rimoitusta sekä väliseinien tekoa. Kylpytilojen laipion alaslasku odotti jonon jatkona vuoroaan sekin. Työmaasiivouksen määrä lisääntyi ja betonipölyn lisäksi mukaan oli liittynyt leijumaan puun hienojakoista hiontapölyä.

VUOSI 2019 - PINTOJA

Maalämpöpumppu oli saatu käyntiin ja hurisemaani teknisessä tilassa. Pidimme talossa muutaman asteen lämpöä ja takkaa lämmitettiin välillä. Seuraavaksi tavoitteeksi asettui saada puhallusvillat yläpohjaan, jotta lämpöä ei pääsisi enää harakoille asti. Pari pikkulintua kerkesi kyllä käväistä yläpohjan puolella. Vielä oli joitakin valmisteluja tehtävänä ennen tätä, kuten väliseinien runkojen paikkojen merkitseminen yläpohjaan sekä erkkerin koolaaminen valmiiksi. Erkkerin kohdallekin tuli siis puhallusvilla, joka puhallettiin ilmansulkupaperiin tehtävistä koloista.

Hitaita työvaiheita oli meneillään monta yhtä aikaa, joten tuntui, ettei mikään homma etene maaliin asti. Laipion ensimmäinen kerros koolauksia oli sentään koko lailla valmiina.

Merkittävä erävoitto oli niin ikään viimeisten ilmanvaihtoputkien saaminen paikoilleen kylpytiloissa. Kylpytilojen alaslasku oli jo nikkaroitu myös.

Isolta jutulta tuntui, kun 'raksaoven' tilalle saatiin paikalleen varsinainen ovi. Tästä ovesta ei mennä raksalle vaan tullaan kotiin. Väliaikainen työmaaovi oli siis sellainen, jossa eivät naarmut ja muut kolhut haitanneet, kun siitä kuitenkin kannettiin edelleen kaikenlaista tavaraa ja työkalua sisälle ja ulos. Tiiveysmittauksessa, jonka saimme talven mittaan teetettyä, täytyikin olla jo lopulliset ovet paikoillaan.

Sitten koitti puhallusvillan laittopäivä, kun villanpuhaltajat saapuivat työmaalle. Ensin yläpohjaan puhallettiin puoli metriä eristettä ja sitten oma satsinsa erkkeriin sisälle olohuoneen puolelle. Maaliskuun koittaessa talon valmiusaste oli 77 %. Tuntui, että vielä pitäisi jostakin löytää voimat ja kärsivällisyys tehdä puuttuvat 23 prosenttia, jotta raksaelämänvaihe olisi vihdoin ohi. Kyllähän sitä mielellään kaivaisi jo puolitoista vuotta muuttolaatikoissa olleet tavarat esille. Mutta jaksaa jaksaa vielä!

Kun yhtenä iltana ruuvasin tuuletusikkunoiden kahvat paikoilleen, se tuntui melkein jo sisustamiselta. Kieltämättä mielessä käväisi, että mielellään laittaisi ihan verhoja ikkunoihin, mutta se ei vain vielä ollut mahdollista. Valmista pintaa sentään tuli koko ajan lisää. Pölyä piisasi ja jatkuvaa imuroimista ja pyyhkimistä. Muurarimme kävi tekemässä takkaleivinuuniin pinnoituksen. Hän rappasi antiikkilaastin pintaan ja kiinnitti koristetiilet luukkujen ympärille.

Luin rakennusblogeista monen painiskelleen sisäseinien hirsien vahakäsittelyn kanssa. Niinpä valitsimme käsittelyyn paneelimaaliin, joka osoittautui todella hyväksi maalattavuudeltaan ja levittyvyydeltään.

Paneelimaalia ei suoraan myyty kuultavana, jollaiseksi sen halusimme, mutta kuultava pinta saatiin taiottua sävyttämällä paneelimaalin C-pohjaa kuultavan värikartan sävyillä. Testailimme tovin oikeaa sävyä ja sieltähän se löytyi, prikulleen sama sävy, mikä valmiiksi talotehtaalla käsitellyissä kattopaneeleissakin on.

Kannattaa vartoa muutama päivä paneelien käsittelyn jälkeen, sillä sävy näytti heti maalaamisen jälkeen aika valkoiselta. Muutaman päivän kuluttua maali oli kuitenkin imeytynyt puuhun ja kuultavuus näytti juuri siltä miltä toivoimme. Käsittelykertoja oli vain yksi. Loppuviikon urakkana minulla olikin käsitellä viimeisetkin sisäseinät. Hirsien käsittely oli aloitettu erkkeristä. Tuntui kovin mukavalta ja palkitsevalta saada vihdoin lopullista pintaa näkyviin sisällekin. Maalin ollessa kunnolla kuivunut, lopulliseen pintaan kuulemma saisi "vanhanaikaista" kiiltoa kiillottamalla pinta villasukalla. Muutoin pinta jäisi mattamaiseksi. Otinkin vanhat säärystimet kokeiluun ja kiillotin niillä seiniä, ehkä niihin vähän erilainen kiiltävämpi pinta tuli operaation myötä.

VÄLISEINIÄ JA TIIVEYSMITTAUKSIA

Väliseinien rungot oli saatu kokolailla valmiiksi. Oleellista oli tietysti saada seinien rungot menemään suoraan, ettei kipsilevyjen ja listojen kanssa tulisi vaikeuksia. Linjalaserilla ja vatupassilla saimme kyllä näin amatööreinäkin homman onnistumaan.

Liimasimme väliseinien runkojen betonia vasten olevat laudat, toinen vaihtoehto olisi ollut ruuvata ne kiinni. Liimatessa ei ainakaan ollut vaaraa osua lattialämmitysputkiin, joten se tuntui varmemmalta valinnalta. Rungot ovat kertopuuta, jotta niihin on helpompi laittaa kipsilevyjä, jotka ehdottomasti halusimme väliseiniin. Kertopuut kuuluivat meillä talotoimituspakettiin. Sitten odoteltiin talotehtaan viimeistä talotoimituserää, jossa kipsilevytkin tulivat. Kodinhoitohuone oli tässä vaiheessa eniten valmiin näköinen huone. Sähköjen veto aloitettiin pikkuhiljaa kaiken muun nikkaroinnin rinnalla.

Tiiveysmittaus oli tässä vaiheessa tehty ja alustavaksi arvoksi oli saatu 0,7. Operaationa tiiveysmittaus on sellainen, että ulko-oveen laitetaan tehokas puhallin ja paine-eroa mittaava laite. Mittaus tapahtuu tietokoneohjatusti. Ensiksi puhallin pyörii jatkuvasti ja tutkitaan mahdolliset vuotopaikat lämpökameralla ja käsin tunnustelemalla. Eli teippaukset laitettiin kuntoon jos jossakin kohtaa tarvitsi, samoin unohtuneet tulppaukset. Piiput tulpataan, lattiakaivoihin vesilukot laitetaan täyteen vettä, iv-putkiin kiinnitetään kannet ja niin edelleen. Vuotoja jouduimme lähinnä parista teippauksesta ikkunoiden nurkista korjaamaan ja ovia vähän säätämään. Mittaus onkin hyvä tehdä vähän keskeneräiseen taloon, etteivät lopulliset pinnat ole vielä paikoillaan ja pystyy tarvittaessa teippailemaan lisää. Muuta ei juuri voitu edellä mainittujen toimien lisäksi tehdä.

Lämpökameralla näkyi muutamat lämpövuodot hirsisaumoista ja erityisesti erkkerin hirsien sisäkulmien päädyistä.

Seuraavaksi tietokoneelta käynnistetään noin vartin kestävä mittaus, jossa puhaltimen nopeus nousee korkealle ja tulosta mitataan hetken aikaa, kun tietty paine-ero pyritään pitämään tasaisena. Tämä toistetaan asteittain aina vähän alemmilla nopeuksilla. Tuosta ohjelma saa sitten laskettua tarkemman käyrän ja laskettua siirretyn ilmamäärän 50 pascalin paine-erolla, josta johdetaan ilmanvuotoluku.

Jatkoimme laatoituksia tekemällä teknisen tilan lattian loppuun, laatoittamalla erillisen wc:n yhden seinän ja lattian laatoitukset ja sitten kävimme isoimman savotan eli kylppärin kimppuun. Viikot ennen tätä menivät kuitenkin visusti kipsilevyjen kimpussa. Puolet levyistä oli asennettu ja samalla olimme niitä jo tasoittaneet. Ensimmäinen kerros tasoitetta kipsilevyihin on työläin, kun saumanauhat laitetaan levyjen rakoihin sekä sisä- ja ulkonurkkiin. Sitten hiotaan, tasoitetaan uudelleen, hiotaan ja vihdoin voi maalata päälle. Hionnassa todella kätevä apu oli suoraan imuriin asennettava hiontalaite. Näin pölyä ei huoneilmaan tullut hiottaessa juuri yhtään. Kipsilevyseinien tasoitukset siirtyivät loppusuoralle, joten oli aika kaivaa maalausvälineet esille ja korkata purkki maalia, joka sopi kipsilevy- ja betonipinnoille.

Sähkösuunnitelma ja sähköjen veto tehtiin näiden muiden työvaiheiden rinnalla ja viimeisiä johtojen vetoja vaille oli valmista. Keittiömyyjämme kävi lisäksi tekemässä tarkat mittaukset keittiöstä ja kodinhoitohuoneesta ja keittiömme lähti tilaukseen. Teimme vielä mittauskäynnin yhteydessä vähän muutoksia kalusteisiin, toisin sanoen jätimme muutamia kaappeja säästösyistä pois kodinhoitohuoneesta ja muutosten teko sujui jouhevasti.

Kodinhoitohuoneen seinien alarajaan laitettiin kosteussulku, joka nostettiin vähän seinälle ja se jäi piiloon listan alle. Laipioiden panelointi edistyi ja saimme vähän kullanarvoista talkooapua tähän työvaiheeseen. Ennen panelointia väliseinien ja katon rajaan oli vielä laitettu eristeeksi suikaleina samaa puukuitueristettä, jota tuli muutenkin väliseinien sisään. Teknisen tilan väliseinien päälle tosin laitoimme kivivillaeristettä. Teknisen tilan väliseinien eristeenä käytetyt kuitukipsilevyt olivat paremmalla palosuojauksella ja äänieristyksellä kuin muiden väliseinien puukuitueristeet.

LAATOITUKSIA JA LATTIOITA

Vihdoin talon yleisnäkymä sisällä ja ulkona alkoi olemaan aika lailla valmis. Maalaukset olivat jo aivan loppusuoralla, hirsipaneelit oli laitettu olohuoneeseen alas, ylhäältä ne vielä puuttuivat. Samoin kattopaneelit oli laitettu muualle paitsi erkkeriin.

Seuraavaksi vuorossa oli siis käydä kunnolla laatoitusten kimppuun. Kosteussulut oli laitettu jo vessaan ja kylpyhuoneeseen, joiden laatoitusta oli jo aloitettu ja vedeneristykset olivat parhaillaan työn alla kylpyhuoneen seinissä.

Vedeneristysten tekeminen on vähän niin kuin maalaamista, kun aineet levitetään telalla. Vedeneristysten laittaminen oli kiva työvaihe. Vedeneristykset voi laittaa itse, kunhan tekee työn huolella ja ohjeitten mukaan. Vedeneristyksistä tehdään lopputarkastusta varten oma tarkastusasiakirjansa, jossa ilmenee eristyksen paksuudet otetuista koepaloista. Meidän käyttämässä vedeneristyssarjassa laitettiin ensin huolella harjattuun ja imuroituun lattiaan primer-aine, joka oli meillä kosteussulku, ensimmäinen kerros laimennettuna ja kuivuttuaan toinen kerta ohentamattomana. Sama juttu seiniin. Varsinaisen vedeneristyksen tekeminen alkoi askartelemalla nurkkiin ja saumoihin vahvikekankaat, lattiakaivoihin laitettiin vedeneristyslaipat ja lopuksi sai telata koko alueen vedeneristeellä. Seiniin vedeneristeen paksuudeksi vaadittiin vähintään 0,4 millimetriä ja lattiaan vastaavan mestarin pyynnöstä 0,5 millimetrin paksuus.

Valitsemamme vedeneristysperheen verkkosivuilta löysimme hyvät työohjeet vedeneristyksen tekemiseen. Koepalan ottamisen jälkeen eristeestä on korjattava kyseinen kohta levittämällä siihen vedeneristettä pensselillä. Kuivuneista pinnoista otettiin siis koepala, jonka paksuus mitattiin ja liitettiin dokumentteihin. Meillä seiniin tuli vaadittava paksuus kahdella ja lattioihin kolmella telauskerralla. Kunhan eristys oli kunnolla kuivunut, pääsimmekin laatoittamaan. Osa pinnoista oli jo laatoitettu ja eteisen lattia saumattukin. Meillä oli apuna laatoituksessa laattojen tasausjärjestelmä.

Ulkona teimme vihonviimeisen kaivauksen eli sadevesi- ja salaojavesien imeytyksen. Se toteutettiin *kivipesänä*, johon keräsimme tontilta kiviä ja harkonpalasia. Näin täällä kaavan ulkopuolella onnistuu toteuttaa tämä näin, ympärysmaakin on hyvin läpäisevää. Ohimennen pihakin siistiytyi ja tasoittui, kun veimme parikymmentä kaivausten reunamilla lojunutta kantoa samalla rykäyksellä tontilta pois.

Sitten tulikin vastaan pitkästä aikaa vastoinkäyminen. Olimme toki pitäneet mahdollisena, että talotyömailla käy varkaita. Olimme kuitenkin rakentaneet jo monta vuotta ja meillä oli ollut pihalla pitkin pituuttaan kaikenlaista tavaraa ilman ongelmia. Tuudittauduimme siihen, että selviäisimme ilman tätä harmia, kun olimme jo päässeet näinkin pitkälle. Joulukuun alussa työmaalle mennessä vastassa oli kuitenkin tosiasia, että varkaita oli käynyt. Kaksi ovea oli rikottu ja viety suurin osa työkaluistamme sekä osa asentamatta olevista rakennustarvikkeista.

Tästä tuli tietysti paljon lisäharmia ja vaivaa. Seurasi rikosilmoituksen tekeminen ja varastettujen työkalujen luettelointi sekä sarjanumeroiden metsästys kuiteista. Osa työkaluista oli hankittu juuri tätä työmaata varten, osa oli ostettu jo kymmenen vuotta sitten edellisen asunnon pintaremottia varten ja osa oli valitettavasti lainassa olevia työkaluja. Sitten seurasi tietysti uusien työkalujen hankkiminen, jotta pystyimme jatkamaan rakentamisen loppuun. Harmitti etenkin, että olimme vasta vähän aikaa sitten laskeneet työkalujen vakuutusarvoa vakuutuksessamme, kun loppu alkoi jo häämöttää. Onni kuitenkin oli, ettei suurta laatikollista sähköasennuskomponentteja, pistorasioita ja katkaisimia, oltu viety. Vastoinkäyminen harmitti jonkun aikaa ja viivästytti tekemistä.

Aloitimme parketin asennuksella keittiön kohdalla. Parketti tuntui kotoisalta materiaalilta lattiaksi meille ja lattiapinnoite onkin hankinta, jota ei ole tarvinnut yhtään miettiä. Meille on koko raksamatkan ajan ollut selvää, että valitsemme saman parketin, joka meillä oli aiemmassa kodissakin.

Parkettien pontit menivät asentaessa tosi helposti paikoilleen verrattuna vanhempaan ponttimalliin, joka edellisen asunnon parketissa oli. Tässä taas kerran sai huomata, miten ala kehittyy koko ajan. Yksittäinen lauta napsahti vaivattomasti ponttiinsa tiiviisti.

Parketin alle valitsimme tällä kertaa korkkimaton vastaavan mestarimme hyväksynnällä. Parkettivalmistajan oma suositus on höyrysulkuinen solumuovi uusille betonilattioille. Korkkimattoon päädyimme kuitenkin siksi, jotta koko asennus olisi muoviton ja hengittävä. Korkki alusmateriaalina on yhtä aikaa vaimentavaa, tukevaa ja hyvin betonin alkalisuutta ja kosteutta kestävää. Lattian betoni kuivui meillä peräti 16 kuukautta, josta 10 kuukautta oli lattialämmitys käytössä. Lisäksi alapohjan rakenne on kuiva, siinä on paljon sepeliä ja alapohjan eristekerros on paksu. Solumuovin ja korkkimaton hintaero ei ollut kovin suuri, nämä korkkimatot tilasimme Saksasta suoraan valmistajan verkkokaupasta. Suomesta korkkimattoa ei tuntunut helposti löytyvän. Matto on kaksi millimetriä paksua ja paksuudessaan korkkimatto on hiukan haurasta, joten asennuksessa oli oltava hieman malttia.

Vaikka puu on herkkä materiaali, tässä tammiparketissa aiempien kokemuksiemme mukaan koiran kynnenjäljet ja muut arjen kolhut eivät näy häiritsevästi. Kolhut sulautuvat luontevasti parketin eläväkuvioiseen pintaan, eivätkä siitä mitenkään paista. Lisäksi vertaillessa uutta parkettia vanhaan tallella olevaan kymmenen vuotta sitten tehdyn lattian palaseen, ei eroa juurikaan tammipinnassa näy ja vain parkettilaudan piiloon jäävä runkomateriaali on vaihtanut hiukan väriä.

Muutama paketti oli vielä pinossa odottamassa, mutta pala ja pontti kerrallaan tämäkin työ vain oli tehtävä, oikoa ei voinut. Kyseessä oli kuitenkin erittäin joutuisa ja miellyttävimpiä työvaiheita oleva puuha tähän mennessä työmaalla. Tuntui mukavalta saada viimein betonit piiloon. Jalkalistat valitsimme samaan sävyyn lattian kanssa tammiviiluisilla jalkalistoilla.

Ennen talven tuloa olimme urakoineet talon loputkin ulkojutut käyttöönottotarkastuskuntoon, jotta ensi kesälle jäisi talon ulkorakenteista enää terassin ja kuistin teko loppuun, portaiden ja kaiteiden nikkarointi terassilta ja kuistilta sekä vähän maalaushommia.

Yksi ikuisuusprojekti olivat juuri ulkovuorilaudat, joiden nikkarointi tuntui vähintäänkin suurelta urakalta. Siihen oli vaikea löytää motivaatiota. Eristeitä ehti jo päätyä talitinttien pesätarvikkeiksi lintujen käydessä nappaamassa niitä omiin tarpeisiinsa ikkunoiden päältä. Tilanne korjaantui sillä, että sulloimme eristeet takaisin ja täydensimme niitä.

Nidoimme tuulensuojakangassuikaleet kiinni vuorilautojen alle, rulla kangasta tuli talotoimituksen mukana. Toinen vaihtoehto olisi ollut käyttää tuulensuojateippiä. Maalasimme kahteen kertaan smyygilistat ennen paikoilleen laittamista, vuorilaudat maalasimme kertaalleen vain, koska ne oli ajatus maalata toiseen kertaan paikallaan ollessa seuraavana kesänä. Yhdestä ikkunasta tämä toiseen kertaan maalaus on muuten vieläkin tekemättä, mutta ehkä ensi kesänä sitten. Tai sitä seuraavana. Ikkunapellit tilasimme samaan katon sävyyn ja annettujen mittojen mukaan profiiliin taivutettuina. Päädyt taivuttelimme itse ennen asennusta, tuossa työssä ehdottomaksi työkaluksi osoittautui leveä listapihti.

Terassin rungot olivat jo valmiina ja mieheni ruuvasi paikoilleen kansilaudat. Myös sadevesikaivot askartelimme paikoilleen.

Rakentajan arki on palapeliä niin ajankäytön kuin tarvikkeiden hankinnan ja asentamisen puolesta. Yksi tällainen palapeli oli asetella keittiön palaset ja osaset paikoilleen. Keittiön kalustetoimituksen mukana tuli hyvät ja selkeät asennusohjeet ja teimme kalusteasennuksen itse. Kaapit olivat kyllä valmiiksi kasatut, joka nopeutti melkoisesti hommaa. Tiskiallas ja liesituuletin tulivat keittiöpaketin mukana. Puiset ovenkahvat, avokaapin puuhylly keittokirjoille sekä kodinkoneet hankimme erikseen muualta. Jääkaapin paikka asettui ikkunoiden väliin, kuten oli suunniteltu. Keittiö oli kodinkoneita vaille valmis. Jotakin pientä oli toki laittamatta vielä, kuten sokkelilaudat.

Toiveemme keittiölle oli tietenkin saada toimiva keittiö lapsiperheelle. Niinpä esimerkiksi jääkaappi siirrettiin keittiösuunnittelijamme ehdotuksesta keskeisemmälle paikalle lähemmäs hellaa ja keittiön pöytää, kuin mitä alkuperäisessä talon pohjakuvassa oli ajateltu. Keittiö muuttui samalla saarekemalliseksi ja se on kyllä ollut todella toimiva näin. Keittiön mittasuhteet ja tiskialtaiden, hellan ja jääkaapin välimatkat tuntuivat heti asennuksen jälkeen tunnustellessa sopivilta toisiinsa ja ruokapöydän paikkaan nähden.

Jännäsin sitä, miltä saarekekeittiö tuntuu käytössä ja se vaikutti heti oikein hyvältä ja näppärältä. Saareke on myös kätevä tarjoilupöytä juhlissa. Keittiön yksityiskohtina saarekkeeseen tuli olkkarin puolelle kaapistot maitolasillisilla ovilla. Keittiön pyörivä kulmakaappi on ollut hyvä kattiloiden säilytykseen, meidän karusellimallissa ovi pyörähtää kokonaan kaapin sisään avattaessa ovea, joten pannut ja kakkuvuoat saa perältäkin helposti. Keittiöpaketin hintaa laski se, että lukuunottamatta saarekkeen laatikostoja ja jätekaappia keittiönkaapit ovat tavallisilla hyllyillä, eikä ulos vedettävillä hyllymekanismeilla.

Kaapit on asennettu suoraan kiinni hirsiseinään. Alimmissa hirsissä liikkumavaran tarve on kuitenkin pienempää. Kulmakaapin taakse on kiinnitetty sidelistat pöytätason tueksi. Taso on liimattu tuossa kohdin sidelistoihin. Hirsiseinällä on myös tuet pystyssä siten, että alin kiinnitys on kiinteä. Väliseinässä sidelista on kiinni kiinteästi, painumavara on huomioitu jo väliseinän rungossa.

VUOSI 2020 ~ VIIMEISTELYÄ VAILLE

Vuosi vaihtui uudeksi ja raksaelämä jatkui. Kotiautomaatio oli viimeisenä tehtäviä teknisiä valintoja ja se toteutettiin mahdollisimman kevyesti. Puntaroimme sen välillä, että tarvitsemmeko sitä välttämättä ollenkaan ja jos tarvitsemme, niin kevyesti vain. Järjestelmän ollessa pelkistetty, sitä voidaan ohjelmoida vain toimittajan omalla sovelluksella. Se voidaan myös muuntaa täydeksi KNX-järjestelmäksi, mutta silloin menetetään tuoteperheen helppokäyttöisyys.

Järjestelmän käyttöönotto vaati alkuun toimilaitteiden määrittelyn, siis sen mitä mikäkin kytkin tekee ja mihin valaistukseen tai toimintoon se on määritelty. Yleensä tämän tekee sähköasentaja sähköpiirustusten mukaan, meillä mieheni suoritti tämän itse.

Meillä järjestelmässä on toimintoina kotona kautta poissa -kytkin sekä kaikkien valojen ohjaus. Lisäksi ohjaukseen on liitetty kaksi ulkopistorasiaa, jotka on varattu auton lämmitykseen. Näin auton lämmityksen voi ohjelmoida ajastetusti tai sisältä kytkimestä ohjattavaksi. Osaan valaistuksesta on kytketty himmennys, joka toimii yhden painikkeen avulla. Kotona kautta poissa -kytkimeen voi määritellä esimerkiksi, että poissa -toiminnon ollessa päällä tietyt keittiön ja kodinhoitohuoneen pistorasiat menevät pois päältä.

Alunperinhän talon sähkösuunnittelu lähti liikkeelle niin, että merkitsimme yksinkertaisesti pohjapiirustukseen huoneisiin valojen, pistorasioiden ja valokatkaisijoiden halutut paikat sekä ulkovalojen ja pistokkeiden paikat. Helpoimpia olivat miettiä makuuhuoneet ja työhuone, joihin tuli valaistukseksi vain kattolamppu, haasteellisempaa oli miettiä sopiva valaistus etenkin käytävätiloihin. Entisen asunnon valaisimet tulivat kaikki käyttöön ja uudet kiinteät LED-valaistukset on hankittu olohuoneeseen, keittiöön, käytävään, kylpytiloihin ja kodinhoitohuoneeseen. Näissä tiloissa valaistus toteutettiin spotein ja LED-nauhoin. Saunan katossa on kirsikkana kakussa ja tunnelmaa tuomassa valokuitu -tähtivalosarja.

Käytännössä edullisemmaksi ratkaisuksi toimilaitteiden osalta tulee se, että johdotus valaistuksille tuodaan suoraan sähkökaapilta jokaisella valolle erikseen. Suunnittelija pystyy suunnittelemaan johdotukset vaadittavien ryhmien mukaan ja joka huoneelle voidaan tuoda esimerkiksi vain yksi riittävän moninapainen johdin. Taloautomaatiojärjestelmään kuuluu myös kojerasiaan asennettavia kytkentätoimilaitteita, mutta uudiskohteessa helpoin ja edullisin toteutus on sähkökaapin toimilaitteet.

Sähkötyöt rakennusvaiheessa saa tehdä itse niin pitkälle, että vetää johdot ja asentaa rasiat seinien runkoihin. Johtojen kytkennät tekee tietenkin aina sähköasentaja ja hän myös valvoo työn suorittamista.

MUUTTOVALMIS

Välillä oli kieltämättä aikoja, jolloin mietimme, että valmistuuko talo koskaan. Silti tietäen, että tietysti valmistuu. Ja viimein kevään 2020 korvalla koitti sen aika! Teimme päätöksen laittaa kaikki listatkin ennen muuttoa paikalleen, ettei sitten tarvitse joskus ihmetellä, että tuostakin listat vielä puuttuvat. Niinpä sisältä muuttovaiheessa talossa kesken oli ainoastaan sauna.

Rakennusvalvonta tuli suorittamaan maaliskuussa käyttöönottokatselmuksen, jonka jälkeen saimme muuttoluvan taloon. Katselmuksen tarkoitus on varmistaa, että talo on turvallinen asua ja kaikki asumiseen tarvittava on kunnossa, kuten talonumerointi, lumiesteet, talotikkaat paikoillaan, tulisijojen ja hormin suojaetäisyydet kunnossa ja käyttöveden laatu tarkistettu. Ja että talon tekniikka toimii niin kuin pitääkin. Pääsimme siis muuttamaan taloon ja se oli tietenkin helpotus. Toisaalta vaikka kyseessä oli pitkään odotettu asia, tuli haikeus muuttamisesta pois mummolasta. Etenkin lapsista oli aluksi haikeaa, kun olimmekin taas keskenämme, mutta kaikkeen tottuu ja tätä oli kuitenkin odotettu. Koronatilanne alkoi vyörymään päälle, kun muutimme ja asetuimme asumaan, eli kotoilu oli myös maailmantilanteen vuoksi välttämätöntä.

Lopputarkastusta varten meillä oli vielä pari vuotta aikaa tehdä loput ulkohommat, kuten pihan laitot, terassien rappuset ja kaiteet sekä puuttuvat ulkomaalaukset valmiiksi.

Siirryimme ennen joulua sisällä kesken olevan saunan kimppuun. Kiukaan taakse tulleet kivilaatat olivat jo valmiiksi hankittuna ja kiukaan viereisessä muurissa käytimme lattialaattojen jämät, joten saunan valmiiksi saattamiseen tarvitsi hankkia vain kiuas ja kiuaskivet. Kiukaan käyttöönotossa on tietenkin tärkeintä tehdä esilämmitys ulkona, jotta tehtaan käryt saadaan poltettua pois. Poltimme pari pesällistä puita tulipesässä ensin ulkona ja sitten vielä asennuksen jälkeen sisälläkin lämmitettiin saunaa tyhjillään, jotta katkuista varmasti päästiin. Kiukaan päällä on kivikori, jolla yhdyshormin suojaetäisyys pieneni ja samalla saimme kiukaaseen vähän lisää kiviä. Lasiluukku on kiukaassa tosi kiva saunahetken tunnelmantuoja.

Tervaleppäinen laudepaketti kuului talotoimitukseen. Lauteet odottelivat keväästä asti ruokapöydän vieressä asennusta, mutta pääsivät nyt paikallaan. Käsittelimme lauteet parafiiniöljyllä ja pitäisikin taas tehdä lauteille sama homma uudestaan huoltotoimenpiteenä.

Sauna valmistui ennen joulua eli pääsimme oman kodin joulusaunaan. Saunan myötä sisällä oli kaikki siis valmista. Lopputarkastuksessa rakennusvalvonta tarkistaisi saunan osalta vaaditut suojaetäisyydet. Tarvittavat suojaetäisyydet riippuvat kiuasmallista ja ne kannattaa aina tarkistaa kiuaskohtaisesti.

Oli käsillä odotettu ensimmäinen joulu uudessa

kodissa. Joulua valmisteltiin pikkuhiljaa tehden asioita suurella pensselillä. Kaivettiin esille tonttu silloin, tonttu tällöin. Kuusi tuotiin jo reilu viikko ennen joulua sisälle. Lumikin satoi sopivasti aatonaattona. Lepäily, rentoutuminen ja herkuttelu saivat olla pääosassa ensimmäisenä jouluna kotona.

2021-2022 ~ ASUMISTA JA ARKEA

Aluksi tuntui hassulta tehdä "raksalla" asioita, joita tehdään kotona. Kun tännehän oli aina tultu uurastamaan eikä todellakaan sohvalla loikoilemaan. Työtanner piti ikään kuin muuttaa ajatusten tasolla kodiksi. Pian toki totuimme siihen, että nyt tässä sitten asutaan ja tavarat ja kodin toiminnot löysivät paikkansa. Toki kaikenlaista keskeneräisyyttä vielä oli nähtävissä ja viittaamassa työmaaelämään, kuten pakkauslavat askelmina muistuttamassa tekemättömistä terassinrappusista ja puuttuvat kaiteet.

Muuttovuoden jälkeinen kesä 2021 meni lähinnä talon ulkomaalauksia viimeistellessä. Maalasimme terassin ja kuistin laipiot ja saimme ne kesän mittaan valmiiksi. Päivä jos toinenkin meni kurkotellessa. Sävyinä pohjalla on *paperi* ja palkeissa *poro*. Valkoiset laudat olivat valmiiksi pohjamaalatut, joten niihin ei tarvittu onneksi kuin yksi kerros maalia ja palkitkin on käsitelty vain kertaalleen kuullotteella. Olimme iloisesti yllättyneitä, että kuullotekaan ei juuri valunut käsille laipioita maalatessa, vaan homma onnistui hyvin.

Seuraavaksi oli vuorossa kaiteiden ja rappusten nikkarointi terassille ja kuistille, mutta totesimme niiden jäävän suosiolla seuraavaan kesään. Siirryimme kuitenkin jatkamaan hommia kuistin puolelle, jossa pakkauslavat olivat toimittavat ansioituneesti rappusten virkaa. Myös kuistin laudoitukset valmistuivat. Nikkaroimme kestopuusta ja siperianlehtikuusesta kuistin rappuset. Mallin suunnittelu kesti ensin aikansa. Pienemmätkin portaat, kuin mihin päädyimme, olisivat riittäneet varmasti vallan hyvin. Kuitenkin koska alunperin meillä oli suunnitteilla umpinainen kuisti, teimme portaat joka suuntaan aukeaviksi ja niissä on isompi tasanne, jos kuisti joskus on umpinainen ja siinä on ovet. Porrasmallissa riitti jiirien sahausta, mutta toisaalta kaiteita ei loiviin rappusiin tullut ollenkaan. Rappuset ovat kyllä niin loivat, että näistä on turvallista kulkea talvellakin. Kuistin laudoitus ja rappuset ovat siperianlehtikuusta nekin. Tämän mallisissa rappusissa talvella tietenkin lumen lakaisua riittää, mutta siitä voi aina oikaista harjaamalla vaikka vain sivurappujen kulkureitit.

Pääoven rappuset on tehty loivemmilla askelväleillä,

mutta takaovilla riittää jyrkemmin tehty porrastus. Pääoven portaat ovat kattamattomat, mikä on myös syy loivemmille askelväleille. Terassin porrastus taasen on tosiaan tehty hieman jyrkemmällä askelvälillä. Esimerkiksi Oulun rakennusvalvonnan sivuilla oli hyvin selostettu laskentakaavat ja rakennusmääräysten mukaiset askelvälit. Katetuille ja kattamattomille portaille on erilaiset vaatimukset.

Kuistille asettunut kaapelikela toi tullessaan työmaalle mukanaan talon sähkökaapelin, sittemmin siitä tehtiin maalaamalla kiva ulkopöytä ja pari entisille puisille ulkotuoleille.

Pihahommat polkaistiin eteenpäin ja rapun edusta sai lisää täytemaata. Lisäksi työn alla olivat terassin kaiteet ja helmalaudat. Suunnittelimme yhdessä miehen kanssa kaidemallin auringonsäteineen. Loppujen kaiteiden rakentelu jäi kuitenkin seuraavaan kesään 2022, jolloin lopputarkastus pidettiin aika tarkalleen viisi vuotta siitä päivästä, kun saimme rakennusluvan ja pidimme aloituspalaverin tonttikatselmuksineen.

SIMPPELIÄ SISUSTUSTA

Olen sisustajana ja muutenkin aika minimalistinen ja ilahdun siitä, kun ei varsinaisesti tarvitse hankkia mitään uutta. Sillä sehän tarkoittaa sellaista onnekasta tilannetta, että on jo tyytyväinen kaikkeen olemassa olevaan ja kiitollinen niistä. Tällöin näitä tavaroita myös huoltaa siten, että ne kestäisivät mahdollisimman pitkään. Eniten arkeen minulle iloa tuovat klassiset ja kestävät käyttöesineet, kuten kauniit päivittäiskäytössä olevat astiat.

Meillä oli siis samat verhot, pöytäliinat, matot ja lähes kaikki huonekalut ennestään valmiina uuteen taloon siirrettäviksi, joten paljoa mitään suurempia uusia hankintoja ei oltu sisustuksen saralla tehty yli kymmeneen vuoteen. Tuntuikin hassulta, kun meillä kävi viime kesänä vieras, joka ei ollut aiemmin käynyt meillä ja hän kysyi millä periaatteella olemme kotimme sisustaneet. Asiaa kun ei oltu juurikaan mietitty kymmeneen vuoteen, vaan entiset tavarat oli vain kannettu sisälle ja aseteltu paikoilleen. Mutta sehän on siis sisustusvalinta myös ja olihan rakennusvaiheen sisustamista pintamateriaalien, tapettien ja maalisävyjen valinta.

Pidän tavaroista huolehtimisesta. Esimerkiksi matot tuntuvat huollon myötä mukavan uudistuneilta, kun niitä käyttää raikkaassa pakkassäässä tuulettumassa tai lumipesussa ja kun ne kesällä mattopyykin jälkeen tuoksuvat kesälle ja mäntysuovalle. Nyt on kyllä hiljattain hankittu pari uutta villa-puuvillasekoitteista mattoa, kun työhuoneessa ei vielä ollut mattoa ollenkaan.

Kierrätys ja uusiokäyttö ovat minulle tärkeitä arvoja. Pöytäliinoja keittiön pöydälle olen ommellut ensimmäisen opiskelijasoluasuntoni ruusuverhoista parinkymmenen vuoden takaa. Kangas oli alunperin vähän turhan jämäkkää verhoiksi, joten se sopi paremmin kaitaliinoiksi. Kirpputorilta olen myös ostanut yhden valkoisen pinnatuolin lisätuoliksi. Yksi kriteeri sisustuksessa onkin, että se on edullista, joten jos kirpparilta tulee jotain kivaa ja kotiin sopivaa sen voin toki sieltä ostaa. Muutamia kalusteita olemme saaneet myös lahjaksi. Komeroita meillä ei ollut muuttaessa yhtään, joten neljä komeroa on hankittu muuton jälkeen, joista kolme uutena ja yksi tori.fi:stä käytettynä. Koululaisten huoneiden kalustus ja sisustus toki elää aina jonkun verran.

Seinille on entisten taulujen ja perhevalokuvien lisäksi hankittu pari blogiyhteistyönä saatua karttajulistetta ja eteisen seinälle uustuotantoa oleva mäntyaiheinen opetustaulu. Etsin alunperin aitoa opetustaulua, mutta mieleistä kasviaiheista taulua ei tullut vastaan. Koulujen kasviopin opetustaulukuvitukset ovat Ebba Masalinin käsialaa. Masalinin kuvitukset ovat tunnelmallisia ja voimakkaita mutta samalla herkkiä. Taidemaalari ja kuvittaja Ebba Masalin syntyi Mikkelissä 1873 ja hänen mustapohjaiset 1900-luvun alussa koulujen opetustauluihin tekemänsä kuvitukset ovat varmasti hänen tuotannostaan tunnetuimpia. Taulun lisäksi ostin muutaman postikortin erilaisilla kasvikuvituksilla. Näitä voikin kehystää ja laittaa seinälle myöskin. Taito Itä-Suomi painattaa taulujen ja korttien lisäksi Masalinin kuvituksia myös tekstiileihin kuten pussilakanoihin ja keittiöpyyhkeisiin.

Vaikka sisustus saakin pysyä mahdollisimman ajattomana ja samana vuodesta toiseen, sesonkikoristelusta pidän kovasti ja siihen mielelläni satsaan. Sillä saa juuri sopivasti pientä vaihtelua ja väriä arkeen. On kiva lisäillä talvi-, joulu- ja pääsiäiskoristeita, jotka ovat tutut samat piironginlaatikosta joka vuosi esiin kaivetut. Kuin vanhat ystävät, joita odottaa näkevänsä aina tietyn ajan päästä. Lasten koulussa tehdyt askartelut ilahduttavat aina ja niitä on esillä. Valot ja kynttilät vuoden pimeimpään aikaan ovat must tunnelman luojat. Keittiön kappaverhon vaihdan jouluksi ja talveksi, kesäkaudella on samat ananasverhot. Mitään isompaa verhojen vaihtorumbaa ei siis todellakaan ole.

Niittykukkakimput maljakoissa ovat tärkeimmät sisustusjutut kesäisin. Myös muista luonnon aineksista, kuten kävyistä, erilaisista heinäkasveista ja kelopuusta, saa loihdittua kauniita asetelmia. Keväällä terassi on tietenkin kiva laittaa kesäiseksi ja viedä sinne riippukeinut, sohvatyynyt ja torkkupeitot.

KASVIHUONE JA PUUTARHAPUUHIA

Vasta rakennetun talon piha on aluksi epätasaista, pehmeää eikä siinä ole oikein mitään. Piha sai meillä rauhassa painua ja asettua mylläkästä aloilleen. Pihalle tuotiin kuorma kivituhkaa peittämään pehmeää maaperää. Toiveissa alkoi hissulleen häämöttää pieni soma keittiöpuutarha kasvihuoneineen.

Kasvihuoneen mallin valinta alkoi miettimällä, mikä koko ja materiaali sopisi parhaiten kotipuutarhan tarpeisiin. Pohtien mitä ja millaisia määriä kasvihuoneessa on tarkoitus kasvattaa. Vai aikooko sinne kenties viedä pöytäryhmän juodakseen leivoskahveja. Vaihtoehtoina oli klassinen lasinen tai polykarbonaattilevyistä tehty kasvihuone, harjakattoinen tai kaareva malli.

Polykarbonaattikasvihuone alumiinirungolla vei voiton materiaalin osalta siksi, että se on hyvin kestävää ja suodattaa itsessään auringon uv-säteilyn, eli kasveja ei tarvitse kasvihuoneen sisällä suojella erikseen harsojen tai muiden avulla. Kriteerinä oli myös hankkia normaalikokoinen kasvihuone, johon kuitenkin mahtuu yksi viiniköynnös.

Lisäksi polykarbonaatti on vihannesten kypsymiselle ja kasvukauden pidentämiselle lasiakin otollisempi materiaali. Se myös kestää paremmin jos vaikka jalkapallo osuu siihen tai on mahdollisesti kestävämpi talven haasteissa, joskin ainahan kasvihuone kuin kasvihuone on suojattava lumikuormalta eli pudotettava lunta katolta talven mittaan.

Valittu kasvihuone on 4,6 neliön kokoinen ja se näyttää melkein lasikasvihuoneelta, koska seinien muovi on kirkasta. Niinpä se on myös varsin nätti. Katossa on aaltoilevaa ja paksumpaa kennolevyä, joka varjostaa kasveja sopivasti kovimmalta paahteelta. Kasvihuoneessa on tuuletusluukku, ihan manuaalisesti avattava ja suljettava. Tähän on olemassa myös automaattisesti aukeava ikkuna lisävarusteena, mutta itse en sitä tarvitse, kun mielelläni käyn avaamassa ja sulkemassa ikkunaa kun muutenkin hoidan samalla kasveja. Rännien päätyihin voi kasvihuoneessa laittaa vesiletkut kiinni ja kerätä sadevettä kasteluvedeksi, joka onkin ollut kätevä systeemi. Vesirännit pitää vaan muistaa loppukesästä tyhjentää puista tippuneista koivunsiemenistä ja muista roskista, joita viime kesänä leijaili sinne tänne todella paljon. Olen hurjan tyytyväinen kasvihuoneeseen! Kasvihuoneeseen mahtuu myös yksi kirpputorilta ostettu tuoli, eli kyllä sen kahvikupposenkin voi käydä tomaattien seurana juomassa samalla kun hoitaa kasveja.

Kasvihuoneen pystytys alkoi tietenkin perustuksen teolla, joka eteni hissunkissun kesän mittaan. Perustuksen voi toteuttaa kasvihuoneeseen monella tavalla. Alustan on tietenkin tärkeää olla routimaton. Sokkelin ympärys kaivettiin lapiolla ja laitettiin soraa pohjalle, jonka jälkeen tehtiin muotitus ja pienellä betonivalulla valettiin laatta. Ihan meni porakoneen sekoittimella näin pienen betonimäärän sekoittaminen. Sitten muurattiin kerros leca -harkkoja sekä kaksi kerrosta tiiliä. Kasvihuoneen alumiinirungon sokkeli kiinnitettiin perustukseen ja sitten varsinainen kasvihuoneen kasaus pystyi alkamaan. Tässä vaiheessa myös on helpoin tehdä lattian sisustelu. Pohjalla on hiekka ja muutama laatta on käytävänä. Itse kasvit ovat ruukuissa ja muissa astioissa eli eivät suoraan maahan istutettuina.

Kasvihuone tuli kahdessa pienessä paketissa ja sen kasaamisessa meni melkein koko päivä. Osat olivat selkeästi numeroitu ja kasaus oli varsin kiva projekti. Kannattaa valita tyyni päivä, koska alumiinirunko on kovin kepoinen ennen levyjen asennusta ja kaksi henkilöä tarvitaan kasausprojektiin, jotta homma etenee mukavasti.

Kotipuutarhan hoitoa, kuten mitä vain muutakin harrastusta, voi tehdä joko isolla tai pienellä budjetilla. Minulle tärkeää puutarhassa on, että se on edullinen iloa tuottava harrastus, josta on hyötyä eli syötävien kasvien viljely on merkittävä osa sitä. On mukavaa, kun puutarhasta saa tarjottavaa omaan pöytään. Rento ote on lisäksi itselleni tässä tärkeää, joskus onnistuu ja joskus ei mene ihan nappiin.

Kotipuutarhan hintaan vaikuttaa paljon esimerkiksi se, kasvattaako kasvit itse siemenestä asti tai minkä kokoisina taimina kasvit ostaa. On monta muutakin tapaa säästää puutarhassa ja tässä muutama vinkki koosteena. Puutarhahommissa luovuus on valttia!

SÄÄSTÖVINKIT KOTIPUUTARHAAN

KASVATA kasvit ja kukat itse siemenestä tai jos et halua ihan niin alusta lähteä, osta kasvit ja kukat ihan pikkutaimina. Itse kylvän vihannekset enimmäkseen siemenestä, mutta ostan esimerkiksi lempikesäkukkani petuniat pikkutaimina, jotka istutan entisiin amppeleihin ja kesäkuun puolivälissä ne yleensä jo rönsyilevät kauniisti yli amppelista. Tulee edukkaammaksi kuin ostaa valmiina amppeleita.

IDÄTÄ siemenet vaikkapa tomaattirasioissa, noutolounasrasioissa, joissa on kirkas muovikansi (minikasvihuone!), kananmunakennoissa tai maitopurkin pohjissa. Myös sanomalehdistä voi taitella maatuvat idätysastiat.

SATOA varmasti ja helposti tuottavat kasvit ovat hyvä matalan kynnyksen lähestymistapa kotipuutarhaviljelyyn. Perunaa, herneitä, avomaankurkkuja ja mansikoita viljelemällä saa melko varmasti ainakin jotain satoa, mikä tuo onnistumisen kokemuksia. Sitten voi lisätä kavalkadiin konstikkaampia kasveja ja tehdä erilaisia lajikokeiluja.

SAMAN kasvin viljelyyn saa vaihtelua ja jännittävyyttä viljelemällä siitä eri lajikkeita. Vaikkapa tomaatissa voi kokeilla kirsikkatomaatin, pihvitomaatin tai mustan tomaattilajikkeen viljelyä. Erikoislajikkeiden siemenet ovat usein hinnaltaan kalliimpia, mutta jos kylvää vain yhden siemenen samaa lajiketta ja vaihtelee siemeniä vaikka ystävän kanssa, tulee kokeilu edulliseksi.

KERÄÄ syksyllä kukkien siemeniä talteen. Tällaisia helposti kerättäviä ovat esimerkiksi krassien ja monien muiden kesäkukkien siemenet.

KÄYTÄ kukkaruukkuina käytöstä poistettuja hauskoja esineitä kuten vuotavia kiuluja, vanhoja kattiloita ja muuta vastaavaa. Tai vaikka rikkinäisiä kumisaappaita! Tässä on vain mielikuvitus rajana.

KOMPOSTOI keittiöbiojäte ja käytä valmis komposti puutarhan maanparannukseen. Käytä myös käytettyjä kahvinpuruja lannoitteena ruusuille, hortensioille ja muille rodokasveille, jotka viihtyvät happamassa ja tykkäävät juurikin kahvinpuruista lannoitteena. Kaikki kukat ja kasvit eivät tästä pidä eikä puruja kannata kovin suuria määriä laittaa kerralla niillekään, jotka siitä pitävät.

MULTAPOHJAKSI käy hyvin edullinen puutarhamulta, kunhan sitä parantaa kompostilla ja lannoituksella.

Muista lannoituksen tärkeys, jotta kasvit jaksavat kasvaa ja tuottaa satoa. Multaan voi sekoittaa luonnonmukaisen varastolannoituksen, jota ei tarvitse montaa kertaa kesän aikana lisätä.

ÄMPÄRI on oikea matalan kynnyksen kasvualusta! Voit kasvattaa ämpärissä, jonka pohjaan on tehty porakoneella reikiä, vaikka perunoita, palsternakkoja ja porkkanoita. Myös kasvihuoneessa olevat kasvit on kätevää pitää muoviastioissa. Jos astia on vähän isompi, multa ei kuivakaan niin äkkiä.

JAA perennakasveja ystävien kesken! Meillä on syreenit, kuunliljat, vuorenkilvet, ruusu sekä vaahterapuu saatu lahjaksi ja muualta siirretty. Suosi muutenkin monivuotisia kukkia ja istutuksia, niin ei tarvitse joka vuosi hommata uusia kesäkukkia. Esimerkiksi monivuotisen orvokin voi syksyllä istuttaa kukkapenkkiin ja siirtää sieltä tarvittaessa taas kukkaruukkuun kesäksi. Muista myös pistokkaista lisääminen.

ODOTUKSET VASTAAN TODELLISUUS

Kuvittelimme rakentavamme talon noin puolessatoista vuodessa ja muuttavamme klassisesti jouluksi kotiin. No, todellisuudessa piti odottaa vielä seuraavia jouluja, ennen kuin tavoite toteutui ja silloinkin oli jo maaliskuu. Eihän muuttamisajankohdalla jälkeenpäin ajateltuna ole mitään väliä, mutta siinä hetkessä, kun huomaa projektin vain jatkuvan ja jatkuvan, voi keskeneräisyys tuntua raskaalta. Näin tietysti on käynyt lukuisille muillekin rakentajille, että valmistuminen viivästyy suunnitellusta. Meillä oli siitä onnellinen tilanne, että oli hyvä paikka missä asua rakennusaikana. Mutta jos on vuokralla ja pitäisi vaikka luovuttaa asunto ja projekti kovin paljon pitkittyy suunnitellusta, tulee viivästyksestä painetta, stressiä ja budjettivajetta lisää entisten päälle.

Monenlaisia yllätyksiä tuli vastaan kesken rakentamismatkan. Vaikkapa se yllätti, miten paljon kaikenlaista tavaran siirtelyä työmaalla oli. Joskus jokin iso tarvikekasa siirrettiin tieltä pois ja sitten taas uudelleen entiselle paikalleen. Valinnan vaikeus oli yksi stressiä lisäävä asia. Oli helpotus, kun esimerkiksi haluamamme parkettimalli oli valittuna jo ennen koko hommaan ryhtymistä. Tällaiset varmat valinnat vapauttivat energiaa pähkäillä, vatvoa, vertailla ja vekslailla muita hankalampia valintoja.

Olemme tyytyväisiä aikalailla kaikkiin tekemiimme valintoihin. Se mitä jälkeenpäin olen miettinyt on, että neliöitä olisi sittenkin voinut olla vähemmän. Niitä on nyt 143 ja silloin kun kiertelimme messutaloja, mietinnässä oli noin 120 neliön talo. Sekin olisi varmastikin ollut ihan riittävä määrä neliöitä. Toinen asia mitä olen miettinyt, on koneellinen ilmanvaihtosysteemimme. Jos olisi ollut mahdollista tai ei olisi tuntunut aivan niin hankalalta toteuttaa painovoimaista ilmanvaihtosysteemiä säädösten puitteissa, olisin kuitenkin halunnut harkita taloon sellaista. Toteuttaminen tuntui kuitenkin silloisilla energiavaatimuksilla liian hankalalta, joten koneellisella ilmanvaihdolla mennään. Painovoimaisia ilmanvaihtojärjestelmiä on viime vuosina alettu taas toteuttaa uusiinkin taloihin.

EPILOGI - KANNATTIKO RYHTYÄ?

Takkapuut napsuvat ja riksuvat takassa, tuohi taipuu tulelle ja lempeät liekit alkavat vaivihkaa lämmittämään huonetta. Sohva kutsuu istahtamaan ja oikaisemaan jalat suoriksi. Silmät voi sulkea hetkeksi lämmön levitessä huoneeseen.

Totta kai valmis omannäköinen ja oman tuntuinen talo on ollut kaiken sen vaivan ja vuosien uurastuksen väärti. Kuitenkaan toista kertaa ei houkuttaisi vastaavanlaiseen urakkaan ryhtyä. Jotakin pienempää projektia huomaa välillä suunnittelevansa, ja niitä on tehtykin jo. Kuten kasvihuoneen perustuksen muuraus ja kasvihuoneen pystytys pihalle toissa kesänä. Ehkä se autokatoskin joskus rakennetaan.

Rakentamisessa palkitsevaa on, että työn jälki näkyy heti ja lopputuloksella on selkeä tarkoitus. Vaihtoehtoisesti vanhan talon remontointikaan ei ole kovin helppoa, myös siinä voi kestää vuosikausia ja yllätyksiä tulee helposti vastaan vielä enemmän kuin uuden talon rakentamisessa. Ja uuden talon etu on, että siihen ei remontteja tarvitse ihan heti tehdä.

Siitä voi olla tyytyväinen, että tekemämme valinnat ovat tuntuneet asumisen myötä oikeilta. Niin rakenteiden kuin pintamateriaalienkin osalta. Katsoessa taaksepäin rakennusaikaa, kaikenlaista vekslailua ja valintaviidakossa samoiluahan se oli. Huomaankin olevani kaikessa nykyään hyvin minimalistinen ja uskon rakentamisen vaikuttaneen tähän ajattelumallin muutokseen. Jos ei ole ihan pakko tehdä jotakin hankintaa, en siihen ihan helposti ryhdy. Kun huomaa jo olevansa tyytyväinen siihen, miten asiat ovat ja vaalii niitä, kiitollisuus olemassa olevasta lisääntyy jatkuvasti. Silloin mieluummin keskittyy elämyksiin, lukemiseen ja luonnossa liikkumiseen, kuin uusiin hankintoihin.

Valituista materiaaleista ja sisustusjutuista esimerkiksi olohuoneen vaneriset käpylamput ovat olleet erityisen mieluiset. Ne löytyivät jostakin valaisinverkkokaupasta ja olivat myös kivat kasata. Olkkarin valaistus muutenkin on kiva, katon LEDit ovat säädettävät, joten valaistuksen voimakkuutta voi vaihdella tilanteen ja tunnelman mukaan.

Laattavalinnat ovat osoittautuneet hyviksi nekin. Kylpyosasto- ja kodinhoitohuoneen lattialaatat eivät ole liukkaat niin kuin tavoite olikin, mutta ne ovat silti mukavan sileät jalan alla eivätkä tuntumaltaan liian rouheat. Myös eteisen laatat ovat olleet tosi kivat ja pinta niissäkin on miellyttävä. Pinta eteisen lattiassa on vähän karheampi kuin kylppärin lattiassa, eikä se tosiaankaan ole liukas märillä kengillä kävellessä. Keittiön välitilassa kiiltäväpintaiset maalaisromanttiset laattoihin laitoimme tumman saumauksen, joten ne on helppo pitää puhtaana.

Vaikka lattian pintamateriaali oli valittu jo etukäteen ja olemme siihen todella tyytyväisiä, toinen hyvä vaihtoehto olisi ollut laittaa ihan perinteinen lankkulattia. Parkettiahan voi kyllä myös hioa, jos joskus alkaa siltä vaikuttaa.

Tapeteista käytävän tapetti perinteisellä kuosillaan on tosi mieluinen. Kyseiset paperitapetit valmistetaan perinteisillä rotaatiopainomenetelmillä sata vuotta vanhoilla tapettikoneilla, niinpä tapetin pinta ja värit ovat erityisen kauniita ja nostalgisia. Keittiön seinässä tehty sävyttämätön uv-suojavahakäsittely jättää alkuperäisen hirren sävyn seinässä näkyviin. Siskonpaneeli -mäntypaneeli eteisessä on bongattu rakennusmessuilta ja vaniljan sävyinen puolipanelointi tuo kivasti ripauksen perinnetalon fiilistä.

Takkaleivinuunimme on takan osalta ollut kovassa käytössä ja se on tosi kiva tällaisena mallina, että takka on olohuoneessa ja leivinuuni keittiön puolella. Leivinuunia kokeilimme ensimmäisen kerran vasta tänä talvena. Uunipuuro siellä on jo haudutettu valmiiksi, mutta juuri leivinuunikokkailuun on tavoitetta ja toiveita tutustua ja alkaa hyödyntämään uunia kunnolla pakkaspäivien arjessa.

Piha on muotoutunut hissukseen lähtien liikkeelle kuoppien tasoituksella ja pintamaan tuonnilla, kiviröykkiöiden asettelulla ja pikkuhiljaa myös istutuksilla, kasvatuslaatikoilla ja keittiöpuutarhalla. Pihalta nostetut kivet on käytetty maisemoinnissa.

Pihalle ovat kotiutumassa niin yli sata vuotta vanhan juhannusruusun jälkeläinen kuin syreenit, kaksi kirsikkapuuta, lapsen kummitädiltä lahjaksi saadut kaksi karviaispensasta sekä perheomenapuu. Mansikkamaasta voi napata ohi kulkiessa kesän mittaan tuoreet mansikat suuhun ja kasvihuoneen vihreän trooppisella viidakkokuosisella kankaalla verhoillulla tuolilla voi käydä istumassa ja juomassa kahvit tomaateille jutellen tai mennä tunnelmoimaan kasvihuoneen katolla tanssivan sateen ropinaa.

Tämä talvi on ollut ihanan levollinen ja luminen. Koko talo on ollut oikeastaan kuin kermakakku kaiken taivaalta leijuneen lumikuorrutuksen alla. Luonnon kauneus on jokapäiväistä, suuret ikkunat tuovat valkean unelman kaikki sävyt ja puiden kimmeltävät kiteet jokaiseen päivään. Isoissa ikkunoissa maisema ja vuodenajat tulevat ihanasti sisälle asti.

Ei ole oikeasti mahdoton urakka kerran vuodessa pestä ikkunat, mutta silti se on homma, joka helposti jää ja sitä mielellään siirtää. Eikä niitä edes tarvitse kokonaan pestä joka vuosi. Olemme pitäneet tästä talojen nykytyylistä, jossa ikkunapinta-alaa on paljon, vaikka kyllähän jo rakennusaikana ikkunoiden tiivistyksiä tehdessä riitti työtä.

LIITE - RAKENNUSKUSTANNUSTAULUKKO

Tässä rakennuskustannustaulukko avuksesi ja työkaluksesi rakennusprojektin suunnitteluun ja budjetointiin. Ohjeet taulukon käyttöön olemme laatineet yhdessä mieheni kanssa.

Sopivaa työkalua rakennusprojektin kustannusten seurantaan ei tuntunut löytyvän, tai ainakaan ei löytynyt sellaista, joka tarjoaisi kaiken yksinkertaisesti ja ilman maksua. Onneksi kustannusten seuranta on eräänlaista kirjanpitoa, joten sen pystyy kyllä hoitamaan näppärästi taulukkolaskennalla.

Otimme käyttöön *Google Sheets* -palveluun tehdyn taulukon, johon lisäsimme toiminnallisuutta helpottamaan muun muassa kustannusarviota, sen toteutumista ja ennakoivaa puuttumista budjettiin. Lisäksi tietoiset poikkeamat alkuperäisistä suunnitelmista oli helppo budjetoida uudelleen. Tarkan kustannusarvion esittäminen pankille helpottaa myös jo hankkeen alussa lainaneuvotteluissa sekä lainaerien nostossa projektin edetessä.

Rakennuskustannustaulukon rakenne eli matkan varrella ja lisäsimme siihen ominaisuuksia sitä mukaan, kun niitä tarvittiin. Erityisesti kustannusten jaottelu ja rivikohtainen erottelu *Talo-80 -nimikkeistöön*, eli meidän tapauksessa kustannusluokka, helpotti valmiusastetodistusten tekemistä vastaavan mestarin kanssa.

Talo-80 -nimikkeistö tarkoittaa rakennushankkeen tiedon erittelytapaa ja hankkeen eri toimijoiden välistä tiedonkulkua. Palaverit olivat yleensä nopeasti käyty läpi ja sähköisen allekirjoituksen tekeminen taulukosta suoraan tulostettuun valmiusastetodistukseen oli hoidettu hetkessä. Vaikka aina yritimme ennakoida, lainan nostotarve saattoi yllättää ja näin pankin vaatimien dokumenttien toimittaminen ei tuottanut juurikaan stressiä.

Talo-80 -nimikkeistö on nimensä mukaisesti peräisin 80-luvulta ja myöhemmin sitä on laajennettu *Talo-90-* ja *Talo-2000* -versioilla. Uudemmat versiot laajentavat käyttöä lähinnä isompiin hankkeisiin ja rakennusliikkeiden käyttöön. Talo-80 on kuitenkin edelleen oikein sopiva perheen kokoisiin omakotitaloihin valmiusasteen seurantaan.

Taulukkoon lisättiin myös rahoitukseen, lainan nostoihin ja lainan määrään liittyviä laskureita. Lisäksi kaikista riveistä taulukko summaa yhteenvedon, jossa näytetään myös kuvitteellinen 5 % ylitys ja toteutuneista kuluista johdettu arvio tulevasta toteumasta. Eri lähteiden mukaan ylitys voi olla hyvinkin suuri, mutta tämän työkalun avulla ylitys pysyi asioissa ja budjettiylityksemme käytännössä oli juurikin tuo 5 %.

Yleisenä huomiona taulukosta, että pääsääntöisesti kentät joihin on tarkoitus syöttää tekstiä tai numeroita, on värjätty keltaisen tai valkoisella sävyillä. Muun värisissä kentissä on otsakkeita tai laskentaan käytettäviä kaavoja, joihin ei tulisi koskea.

Näitä ohjeita lukiessasi voit pitää taulukkoa esillä tietokoneellasi. Mobiilissa suuren taulukon käyttö voi olla hieman hankalaa. Linkin rakennuskustannustaulukkoon löydät seuraavasta verkko-osoitteesta:

https://www.annea.fi/talonrakennustarina-kirja

TAULUKON KÄYTTÖÖNOTTO

Ennen kuin pääset käyttämään taulukkoa, siitä tulee ottaa kopio omalle Google -tilille.

Tekemämme taulukko on suojattu muokkauksilta, joten sitä voi vain tarkastella. Omaan kopioon voit sitten tehdä kirjaukset ja omaan kopioosi on pääsy vain sinulla. Taulukko on tarkoitettu vain oman talosi rakennusprojektin seurantaan.

Projektia aloittaessa on hyvä perustaa sähköinen jaettu paikka erilaisille tiedostoille. Muun muassa piirustuksille, saaduille tarjouksille ja laskuille. Niitä voi sitten vaikka rautakaupassa käydessä selata puhelimella tai näyttää myyjille.

TAULUKON VÄLILEHDET

YHTEENVETO on nimensä mukaisesti yhteenveto kaikista kustannusriveistä kustannusvälilehdiltä kerättyinä. Sarakkeina on syötetyistä summista *Arviot* ja *Toteutuneet*. Myös riveille syötetty laskennallinen arvio oman työn arvosta näkyy taulukossa ja kuinka monta teetettyä "tuntia" työtä keskimäärin 75 euron tuntihinnalla tämä olisi. *Arvio toteutumasta* -sarake kertoo muuttuvan arvion joko käyttämällä arvioitua kustannusta tai toteutunutta summaa, jos sellainen on. *Toteutuneet* -sarake kertoo vain kirjattua kustannusta. *Ylitys* -sarake kertoo mahdollisen ylityksen arvioiduista ja *+ennuste* -sarakkeet laskevat valmiusasteeseen suhteutettuna ylityksen ennusteen, jos ylityksen tahti pysyy samana. Tämä auttaa havaitsemaan mahdollisen ylityksen tai lisärahan tarpeen jo ennakkoon.

Yhteenveto -sivun rivit ovat kiinteästi kytketty saman nimisiin välilehtiin, joista ryhmittelyn luvut keräillään.

Yksittäiset kustannukset kirjataan näille erillisille välilehdille. Valmiusaste lasketaan toteuman ja toteuman arvion perusteella, joten valmiusaste perustuu tällöin rivien tilaan, riippuen siitä onko niihin kirjattu toteumaa vai ei, mutta kuitenkin suhteessa kustannusten suuruuteen.

OMA RAHOITUS välilehdelle on tarkoitus seurata pankkilainan lisäksi syntyvää omaa rahoitusta. Tämä on esimerkiksi säästöt tai kuukausittain palkasta käytettävä muu raha. Tällä seurannalla on hyötyä lainan tarpeen laskennassa, säästämisessä mahdolliseen asetettuun tavoitteeseen sekä sekä seurannassa, kuinka rahoitus jakaantuu kahden henkilön välillä.

Käyttö on yksinkertaista. Ensimmäiseen sarakkeeseen kirjoitetaan maksun syy, esimerkiksi mikä ostos on kyseessä, paikka ja aika. Sitten summa rahoittajan 1 tai 2 sarakkeeseen.

Muuta tämä välilehti ei juuri tee, mutta pitää nämäkin kirjaukset samassa paikassa ja summat näkyvillä.

T80-VÄLILEHDET ovat Talo-80:n mukaisiin päänimikkeisiin luettelointia varten. *T80-Arviot* -välilehti laskee arvioidut summat, joita voidaan käyttää projektin alussa vertaamaan omaa arviota standardin tyypilliisiin kustannusten jakaumiin. *T80-Toteutunut* -välilehti on tarkoitettu projektin edetessä valmiusastetodistuksen tekemiseen vastaavan mestarin kanssa. Lopulliset toteutuneet prosentit arvioidaan aina erikseen, mutta kustannukseen perustuvia lukuja voidaan käyttää apuna. Näitä kahta ensimmäistä lehteä ei ole tarkoitus muokata mitenkään, vaan kaikki luvut tulevat muista lehdistä, riippuen kuinka jokainen rivikohtainen kustannus on jaoteltu.

T80-Valmiusaste -välilehti on poikkeus ja siihen on tarkoitus muokata *Valmiusaste (0-100%)* sarakkeeseen vastaavan mestarin hyväksymät prosentit. Tämän jälkeen sivusta voidaan ladata PDF-tiedosto siten, että se tulostuu yhdelle A4-paperilla allekirjoitettavaksi paperisena tai sähköisesti.

Meidän pankki hyväksyi PDF-tiedostot sellaisenaan, kunhan niissä oli allekirjoitus lisättynä. Mitään ei tarvinnut erikseen skannailla, tiedostojen lähettely sähköpostilla riitti. Valmiit PDF-tiedostot myös arkistoitiin ja taulukon välilehti jäi odottamaan seuraavaa prosenttien päivityskertaa.

LAINANOSTOERÄT -välilehti on työkalu pankilta saadun lainan nostamisen seurantaan. Ensimmäiseen *Lainasopimus* -kenttään kirjataan otetun lainan lopullinen määrä. Tätä voi toki muuttaa jälkeenpäin, jos lainaa joutuu ottamaan lisää projektin edetessä tai voi tehdä vaikka kopion koko välilehdestä toiselle lainalle. Riveille kirjataan noston päivämäärä, noston määrä ja noston kulut. Taulukko laskee kumulatiiviset summat jäljellä olevasta lainan määrästä ja nostetusta määrästä. Lisäksi saat heti näkyviin prosenttiosuuden lainan käytöstä, jota voi suhteuttaa nykyiseen kustannuksiin perustuvaan valmiusasteeseen.

Jäljellä olevan valmiusasteen perusteella lasketaan myös euromääräinen summa, kuinka paljon kuluja olisi vielä tulossa ja sitä peilataan olemassa olevaan lainan nostovaraan. Taulukossa tuo on *Laskennallinen tarve*. *Vajaus* on siten mahdollinen muun rahoituksen tarve.

LAINALASKURI on tyypillinen laskuri, joita löytyy myös pankkien verkkosivuilta. Laskuri ei kerro todellisesta lainasta, mutta laskuri käyttää taulukkoon arvioituja summia pohjaksi. Keltaisiin kenttiin voidaan syöttää mahdollinen alkupääoma tai säästöt ja lainan lisäkulut. Lisäksi merkitään korko, yleensä euribor, ja pankin antama marginaali. Maksuaika syötetään vuosissa ja laskuri kertoo näillä tiedoilla lainan kokonaiskustannuksen ja tasaeräisen kuukausierän. Lisäksi se tekee pankkien tekemän niin sanotun stressitestin tilanteessa, jossa korko nousee 6 % asti. Stressitestillä saadaan tulokseksi maksuerän suuruus, johon oman talouden olisi hyvä pystyä venymään tarpeen vaatiessa.

KUSTANNUSTEN KIRJAAMINEN

Taulukon laskentaan tulevat kustannukset kirjataan niille sopiville välilehdille. Sinänsä kustannuksen välilehdellä ei ole muuta merkitystä, kuin pitää kustannukset hieman nipussa sekä helpommin arvioitavissa ja seurattavissa. Jokainen rivi joka tapauksessa kirjataan erikseen omaan Talo-80 -ryhmään, joka on merkitsevämpi valmiusastetodistuksia varten.

Ensimmäiseen sarakkeeseen tulee vapaamuotoinen kuvaus kustannuksesta. Oli se sitten tarvikkeita, asennustyötä, työkalukustannuksia, laitevuokria, tai muuta vastaavaa.

Arvio -sarakkeeseen arvioidaan euroina kustannus. Tämä on siis vain paras oma arvio ja apuna voi käyttää vastaavaa mestaria, piirustuksiin perustuvia määriä esimerkiksi neliöitä. Mitä tarkemmin pystyy arvionsa tekemään jokaista nippeliä ja nappelia myöten, sen paremmin budjetti tulee pitämään.

Omatyö-% -sarakkeeseen syötetään mahdollinen "säästö" itse tehden. Eli, jos kyse on vaikka maalaustyöstä, siihen voi syöttää arvion kuinka paljon siitä voi tehdä itse. *Arvio* -sarakkeen summa kuitenkin tulisi olla se, kuinka paljon työsuoritus maksaa ulkopuolisella teetettynä. Maalaustarvikkeet pensseleineen, pesuaineineen ja maaleineen tulevat sitten omille riveilleen.

Talo-80 -sarakkeessa on alasvetovalikko, josta valitaan kustannukselle paikka. Joskus on tilanne, että kustannus kuuluu vähän joka paikkaan, mutta riittää kun valitsee lähimmäksi sopivan tai miettii, onko tarvetta jakaa kustannus kahdelle eri riville.

Toteuma -sarake on lopullinen laskun tai kuitin summa, kuinka paljon rivin kustannus tuli maksamaan. Myös siinä tilanteessa, jos oman työn osuutta on laskettu. Jos vaikka kaikki työ tuli tehtyä itse, niin tähän kirjataan yksinkertaisesti nolla. Näin on syntynyt laskennallisesti säästöä.

Viimeiselle tyhjälle sarakkeelle voi kirjata vapaamuotoisia muita merkintöjä, vaikkapa alituksen syystä, päivämääriä tai suunnitelmia joita projektin aikana tulee niin paljon, ettei kaikkea kuitenkaan muista ellei jonnekin ole niitä kirjoittanut muistiin.

Tärkeintä on kuitenkin muistaa kirjata kustannuksia sitä mukaa, kun niitä tulee ja kirjata uusia rivejä, kun suunnitelmat etenevät. Esimerkiksi alkuperäinen arvio voi olla vain yksittäinen rivi ja sen voi myöhemmin jakaa useammaksi. Tai sitten ihan vain pakostakin tulee uusia kustannusrivejä, joille ei ole alunperin arviota. Tällöin rivien *Arvio* -sarake jätetään vain tyhjäksi. Vanhoja arvioita ei ole tarkoitus muokata ja jakaessa arvioidut summat on tarkoitus pitää sellaisina kuin ne olivat, vaikka ne olisivat “väärin”. Jos niitä muuttaa, niin ylityslaskenta ei vastaa todellisuutta.

Välilehden painikkeen väriä voi pidemmälle edetessä vaihtaa, esimerkiksi vihreälle, kun koko osuus on niin sanotusti valmis. Taulukkoa on siten mukava seurata, kun väri alkaa vaihtua vihreälle. *Yhteenveto* -välilehdellä kenttien väri vaihtuu itsekseen sitä mukaa, kun valmiusasteet saavuttavat 100 %.

Koska kyseessä kuitenkin on vapaamuotoinen taulukkolaskentataulukko, summasarakkeissa voi käyttää myös kaavoja vaikkapa työn hintaa arvioidessa, syöttämällä kaavaan tuntihinta ja kertomalla se tuntien määrällä. Näin välttää näiden laskutoimitusten tekemisen erikseen. Oma suosikkini oli toisinaan yhdistää useampia pikkukuitteja yhdeksi syöttämällä kuittien summat erikseen pitkänä rimpsuna plussaamalla ne yhden rivin toteutuneeksi summaksi.

Toivottavasti taulukosta on apua tekemään kulujen seuraamisesta ainakin vähän helpompaa. Ei taulukko kokonaan paperityötä poistanut, sitä kyllä kertyi parin kansiollisen verran, mutta laskentatyöstä pääsi kyllä helpommalla.

KIITOKSET

Vuosien kulkiessa eteenpäin kiitollisuus on vahvimmin päällä oleva tunne, kun antaa ajatusten palata miettimään kiireisiä rakennusvuosia ja yhdessä talon kanssa kuljettua matkaa. Koska kiireisiä ne vuodet tosiaan olivat. Omien ponnistelujen jälkeen kaikkea todella osaa arvostaa vielä enemmän.

Haluan kiittää mahtavaa perhettäni, joka on kaikessa tuki ja turva samoin kuin ihanat ystävänikin. Iso kiitos vastaavalle mestarillemme, kaikille ammattilaisille ja yhteistyökumppaneille, jotka olivat mukana ja elivät kanssamme talonrakennustarinaamme. Kiitos myös blogin lukijoille ja Instagram-tilin seuraajille. Vaativuudestaan huolimatta omakotitaloprojekti on ihmisen ja perheen kokoinen unelma.

LÄHTEITÄ JA LISÄTIETOJA

***

Rakennusliitto

Sisäilmayhdistys

Suomen rakentamismääräyskokoelma

Oulun rakennusvalvonta